U0395716

青少年 科普图书馆

世界科普巨匠经典译丛·第六辑

越玩越开窍的

数学游戏

大观 下

陈怀书 原著 杨禾 改编

上海科学普及出版社

图书在版编目（ＣＩＰ）数据

越玩越开窍的数学游戏大观．下／陈怀书原著；杨禾改编．—上海：上海科学普及出版社，2015.1

（世界科普巨匠经典译丛·第六辑）

ISBN 978-7-5427-5968-9

Ⅰ．①越… Ⅱ．①陈… ②杨… Ⅲ．①数学－普及读物Ⅳ．① O1-49

中国版本图书馆 CIP 数据核字 (2013) 第 289628 号

责任编辑：李　蕾

世界科普巨匠经典译丛·第六辑

越玩越开窍的数学游戏大观 下

陈怀书 原著　杨禾 改编

上海科学普及出版社出版发行

（上海中山北路 832 号 邮编 200070）

http://www.pspsh.com

各地新华书店经销　北京市房山腾龙印刷厂印刷

开本 787×1092 1/12　印张 14　字数 166'000

2015 年 1 月第 1 版　2015 年 1 月第 1 次印刷

ISBN 978-7-5427-5968-9　定价：22.00 元

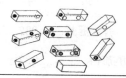

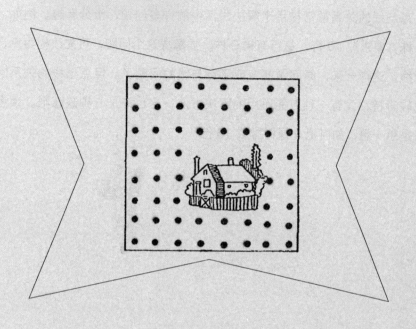

第十三章

点线趣题

398 巧植树

点与线的关系常常被用来解决生活中的许多问题，十分有趣。例如，植树9株，要求成10行，每行有树3株。要解决这个问题，可先改树为点，改行为线，这样一来，原问题就变成了点与线的问题了。但点与线的关系问题又比较奇特，没有一种万能通用的解决方法，这也许是一种缺憾吧。读者朋友还是想一想，如何把9棵树排成10行？

399 栽 花

有个老大爷有一块圆形花圃，有一天他购得24株菊花，吩咐园丁栽在这个圆形花圃里，并要求栽28行，每行4株。请问应该怎样排列？

奇妙的选择

某人有一大块地，中间是住屋，四周是树木，形状如图所示。现在这个人共植树55株，有10株植的是杏树，10株植的是李树，其余植的都是桃树。而杏树、李树分别植了5行，每行都是4株。请问开始植树的时候，是怎么选择的（要求东面、北面所植的树越少越好）？

选择植树

某人有一块方形田，田中植树49株，移走4株后，余下的杏树有10株，桃树有35株，且杏树植了5行，每行又植了4株。请问开始植树时是怎样排列的？

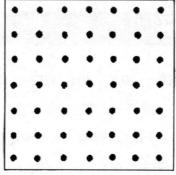

植树 21 株，请问怎样植才能排列成 12 行，每行 5 株？

403 移除树木

在一块正方形田内，植树 7 行 7 列，共植树 49 株，如图所示。现在想要移除 27 株，剩下的树木尽可能列最多的行数，每行要求有 4 株，请问要移走哪些树木？剩下的树木如何排列？

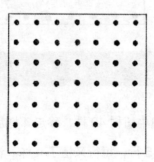

404 炮台图形

某国国王想要构筑炮台 10 座，炮台与炮台之间，用甬道相连，这个国王仅允许修筑甬道 5 条，每条甬道必须有炮台 4 座，有个工程师为此专门设计了下图。有个谋士说，每个炮台都能被人从外面直接攻击，对国家有所不利。现在要改变它必须构筑更多的炮台，又不能让人从外面直接攻击，而且要满足国王的要求。请问这个工程师应当怎样设计？

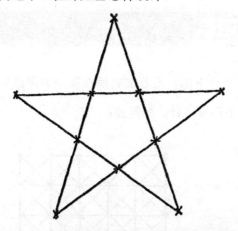

405 俄土之战

有32名土耳其士兵，包围了一群俄国士兵，他们散开成圆形，从各个方向射击俄国士兵。谁知他们枪法太差，子弹纷纷从俄国士兵头顶飞过，不但没有击中任何一名俄国士兵，反而伤到了自己的战友。更为可笑的是，俄国士兵没有开一枪，而土耳其士兵却伤亡一半。请问俄国兵士至少有多少名？他们所处的位置怎样？（假定土、俄两国士兵都固定在战场上。）

406 移动硬币

把10枚硬币放在一张方形白纸上，上下边上各排5枚，如图所示。现在仅移动4枚硬币，使这10枚硬币排成5行，每行有4枚。请问共有多少种移法？

407 排针趣题

用一张方纸，绘成下图。用6支针插在图中有黑点的地方，但每行每列每一条对角线上，不许有2针。如何插？

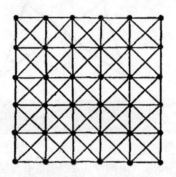

408 移动棋子

用12枚棋子，按下图中的黑点位置放置，共放置成6行，每行有棋子4枚。现在仅移动棋子4枚，另成一图形，共7行，每行棋子仍是4枚。请问应当移动哪些棋子？移动以后的位置是怎样的？

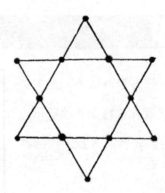

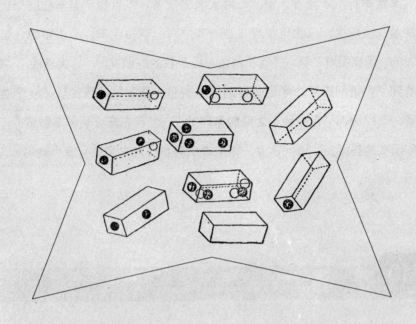

第十四章

博弈趣题

409 汽车赛

某地举行汽车比赛，甲、乙两人同去观看，但见每辆赛车在圆形运动场上挟着飞扬灰尘，风驰电掣般飞驰。其中有一辆白色车，是由甲的一位朋友驾驶的，因此甲对乙说："驾驶白色车的是我的好朋友。"乙笑着说："是的，我看到了，请问在这个场地比赛的汽车有多少辆？""我发现了一个奇特的答案，"甲说，"在白色车之前的车数的 $\frac{1}{3}$，加在白车之后的车数的 $\frac{3}{4}$，这就是你所要的答案。"请问读者，你能说出参赛的汽车究竟有多少辆吗？

410 赛 马

某跑马场新来 3 匹马参加比赛。1 匹名为乌骓；1 匹名为追风；1 匹名为轶尘，中彩的额度与赌注之比是：乌骓是 4∶1，追风是 3∶1，轶尘是 2∶1。不论哪匹马夺得第一，投注者所得的彩银，必须提出 2 份彩银给其他 2 匹马，每份所提的彩银数量与他所下赌注的数量相同。例如，某人下每匹马的赌注各 50 元，若乌骓夺第一，那么他所得彩银为 200 元，但须给追风、轶尘各 50 元，最后他净得 100 元，如果追风第一，他净得彩银 50 元；如果轶尘第一，他没有输赢。王某根据彩票中奖规则，对不同的马投了不同的赌注，有趣的是，但无论哪匹马夺得第一，他都能得彩银 130 元，大家知道王某对 3 匹马各下了多少赌注吗？

411 足球比赛

某地举行足球比赛，比赛结束后，某个孩子对朋友说："我认识某队的部分球员，不幸的是，这些人中有4人伤了左臂，5人伤了右臂，未伤右臂的有2人，未伤左臂的有3人。"孩子的朋友听后一头雾水，不知道他究竟认识多少名球员，大家能求出他所认识的人数吗？

412 骰子谜题

取出3枚骰子，随意掷它们，得出各种数点。假设如图所示，用2乘以第一个骰子的点数，加5，所得之和乘以5，所得之积加第二个骰子的点数，再乘以10，最后加上第三个骰子的点数。你只要告诉我结果，我就能说出三个骰子上的点数各是多少。如图所示1，3，6三数，按上述计算规则运算的结果是386。瞧，只要你对我说386，我就能知道三个骰子的点数是1，3，6。这真是一件奇怪的事？

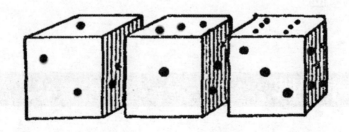

413 三角纸牌

取 1~9 点的纸牌 9 张，排成三角形，如图所示。让每边点数之和都相等，请问有多少不同的排法？如图所示将点数为 4，9，5 的牌与点数为 7，3，8 的牌互换位置，再将点数为 1 与 6 的牌互换位置，不能算是一次新排列。若单独换点数为 1 或 6 的牌，可以说是一个新的排列！

414 丁字牌

取 1~9 点牌各 1 张，排成丁字形，如图所示。若使纵横牌上点数之和相等，请问共有多少种排法？

415 十字牌

用 1~9 点的纸牌 9 张，排列成十字形，使其纵横行点数之和相等，如图。

把 1 点的牌放在中央。若把 3 点、5 点等牌放在中央，也能得出同样的结果吗？大家有时间不妨试一试（只能牌点数为奇数的放中间）。

416 纸牌方阵

　　一个孩子取 10 张纸牌，其点由 1~10，想排成方阵，使其四边点数之和相等，排列了很长时间，得出右图。其上下两行点数之和虽都是 14，但左边是 14，而右边是 23，不符合条件。读者朋友，如果由你们排列的话，能使四边点数之和相等吗？

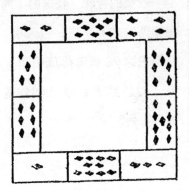

417 巧组骰子

　　有 9 根木条，长是宽的 3 倍。木条上有不同的黑点，将它们集合到一块可成为一个放大的骰子。大家知道如何组合吗？

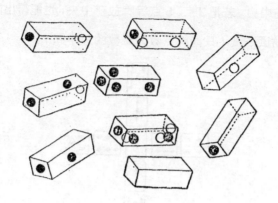

418 和为24

欧美的骨牌与我国的不同，仅有 28 张，每张两端或有黑点，或没有，如图所示。现在想把这 28 张牌排成方阵，使每行每列及每一对角线上点数之和均等于 24。请问，如何排列？

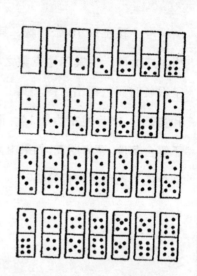

419 骨牌方阵

从 28 张骨牌中，选取若干张排成方阵，这种骨牌游戏十分有趣，真可谓别开生面。看看大家能排几个方阵，各取哪些牌，如何排列？

420 巧排骨牌

任意拿5张骨牌排列，须1连1、2连2，如图所示。使两端牌上点数之和是5，中间点数之和也是5，有下列几种排法：

（1-0）（0-0）（0-2）（2-1）（1-3）

（4-0）（0-0）（0-2）（2-1）（1-0）

（2-0）（0-0）（0-1）（1-3）（3-0）

请问和为6的有几种排列方法？

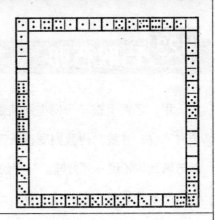

421 和为44

将28张骨牌全部排出，围成方阵形，排法：相连处其点须相同。例如：3与3相连，5与5相连，如图左边纵行点数之和是44，右边纵行点数之和是32，上方横行点数之和是42，下方横行点数之和是59，但现在想不按这种排法，把各

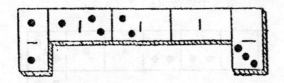

行重新组合，使各行点数之和都是 44，请问应该怎样变换才能得出正确的结果？

422 骨牌的级数

取 6 张骨牌，其点数设为 4，5，6，7，8，9，按从小到大的顺序排列如图所示，但排列相连两端的点数及形式都相同。请问在全部 28 张牌中，能按从小到大顺序排列且相连点数相同的排列方法共有多少？必须注意的是，排列的牌，其点数必须递增而不能递减。

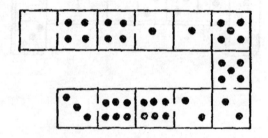

423 巧取石卵

甲、乙两个孩子一同去海滨游玩。返回时，甲看到地上有很多的石卵，便对乙说："我觉得我们现在玩得没有什么意思，我想做一个游戏，你愿意参与吗？"乙说："好哇。"甲说："现在有石卵 15 颗，我和你按顺序取，每次所取的数或 1 颗，或 2 颗，或 3 颗，最多不超过 3 颗。取完看谁所取的是奇数，就是胜者。"游戏玩了很长时间，甲一直是胜者。乙询问甲是什么原因，甲以保密为由就是不说。大家不妨研究一下，甲是用什么方法取胜的。用 13，17，19，21，……等奇数，也能用同样的方法吗？

424 请君入题

这个游戏只限两人玩，其中一个人取白棋子一枚，放在 6 的位置；另一个人取黑子一枚，放在 55 的位置。两人按照顺序在同一条线上移动，但不能越过对方棋子所在的线，如果犯规，就算失败一次。例如：黑子从 55 移到 52，白子从 6 移到 13，黑子从 52 移到 23，白子由 13 移到 15，黑子移到

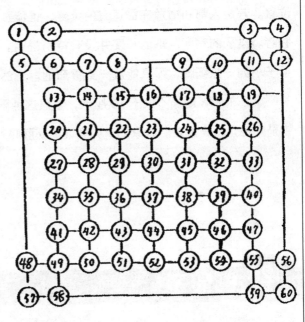

26，白子移到 13，黑子移到 21，白子移到 2，黑子移到 7，白子移到 3，黑子移到 6，白子必须移到 4，因为黑子占据 11，故白子再无路可走而被擒了。这个游戏非常有趣味，是茶余饭后消遣的最好方式。注意图中 8 和 9 之间的空白，棋子不能放在那里。

425 雪茄趣题

这道题曾经求证于伦敦某游戏俱乐部，深受俱乐部的成员们关注，遗憾的是，他们中绝大部分人一生也没能解答出这道题。现在，我把此题讲述给喜欢游戏的人，让大家明白这道题的答案。有一天，有两个人围着方桌相对而坐，一个人在桌上放了一支雪茄烟（一头是平的，一头是尖的），另一个人同样在桌上放一支雪茄烟，两人轮流这样做，但烟必须放在互不相接触的位置。若两人都知道放在最适宜的位置，谁能放最后那支雪茄烟，谁就是获胜者。桌子的宽度，烟的长度并没有特别说明。有人喜欢钻牛角尖，说如果桌子小如一张纸牌，那只能放一支雪茄烟，当然先放者获胜。现假定桌子的长不小于1米，烟长不大于10厘米，依照这种限制，任你规定它的大小，使雪茄烟都是一样放置。大家知道究竟谁能获胜吗？

426 掷骰子

这个游戏有非常巧妙而且非常有研究价值。游戏的方法是：每位参加游戏的人各选出两个不同的奇数（所选两奇数之和要大于3），然后轮流投掷所准备的3个骰子，如果有一人所投得的点数，其和等于他所选的两个奇数之一，而另一个人所投的与他所选的两奇数都不相同，前者就是优胜者，否则不分胜负。现在以两人为例，来说明这道题。设一个人选7，15，另一个人选5，13，如第一人投掷的点数其和是7或15，而第二个人投掷的点数其和是5或

13 的，则没有胜负；如第二人所投掷的点数不是 5 或 13，则第二个人是负的。现在想要研究，需要选哪两个奇数，则两人取胜的机会相等，读者如果有时间，不妨来解开这道题。（所谓机会就是所投得的点数等于其所选的奇数之一。）

427 火柴游戏

甲童拿来一张小桌子放在乙童的前面，相对而坐，又取出 30 根火柴，对乙说："我把这些火柴分成不等的 3 堆，分别为 14 根、11 根与 5 根，我们两人从任意一堆中轮流抽去若干根，谁抽去最后一根火柴谁就输了。"乙童说："你说的可以取任何根数吗？既然这样我取 14 根这一堆，也是可以的了。"甲童说："你误会了，我告诉你，假如我从 11 根的这堆中取出 6 根，则余下的 3 堆中有两堆是 5 根，如果是这样的话，我便稳操胜券。因为无论你怎样取，我都可以效仿你的做法，若你留 4 根在这一堆，我可以留 4 根在另一堆；若你留 2 根在这一堆，我可留 2 根在另一堆；若你留 1 根在这一堆，我将全取另一堆；若你全取这一堆，则我将仅留 1 根在另一堆。这样你就负了。要是你一定不留下两堆，除非它们相等，而且每一堆的数量要大于 11。"乙童说："我们试一试。"甲童说："行，我将从 14 根中取走 6 根，留下 8、11、5 根三堆。"乙童留下 8、11、3。甲童留 8、5、3，乙童留下 6、5、3；甲童留下 4、5、3，乙童留下 4、5、1；甲童留下 4、3、1，乙童留下 2、3、1；甲童留下 2、1、1，乙童留下 1、1、1。乙童说："其实我已经稳操胜券了。因为你取 1，我再取 1，这最后一根必是你取无疑。"这个游戏必胜的方法共有 13 种，14、11、5，是其中的一种，大家有兴趣可研究研究，用来当作消遣不是很好吗？

428 棋子谜题（1）

　　取国际象棋棋子兵若干个放在象棋盘的方格内，各兵只允许依照各对角线的方向移动。但是因为各兵所在的位置不同，所以它们能移动的方格或是 7，或是 9，或是 11，或是 13。现在想要把最少的兵放在一副象棋盘内，各兵移动之后，所有的方格均被兵走过，而各对角线上仅能安放一个兵，求：符合以上各条件最少需要多少枚兵？怎样安放？

429 棋子谜题（2）

　　设所放的棋子兵都必须按照对角线的方向行走且两两相连。各棋子移动后，所有方格也都被棋子走过了。求最少要多少棋子？如何排放？

430 棋子谜题（3）

　　在一副象棋盘中安放 14 个兵，若兵的数量再增多，则各对角线上必须有 2 个兵安放在方格内，由此可知一般方格内，能放最多牧师之数是 $2n-2$，请问不同的放法共有多少种？

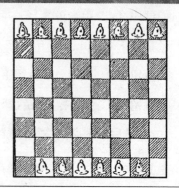

取 16 枚棋子，排成如图所示。每边 3 格内棋子之和是 7。现在想将棋子的总数加 1 枚，成 17 枚，而每边 3 格内棋子之和仍是 7，棋子该怎样摆放？如果棋子总数加至 24 枚，而每边之和仍是 7，又如何摆放？

截取一块棋盘，按照要求把 20 枚棋子放在上面，使其成为 13 个正方形。现在想要拿掉 5 个棋子，使棋盘上的棋子所成的正方形都不复存在，怎么拿？

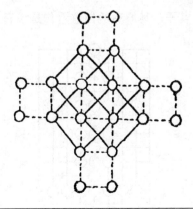

433 巧组棋盘

有个小孩得到一张方格纸，形状如图所示。他想从A、B两处剪断，合成一个西方式的棋盘。他的哥哥看见后说：适合剪成两大块，合在一起是最妙的方法。哥哥拿起刀开始剪，不一会儿就剪成了。请问他的哥哥用的是什么方法？

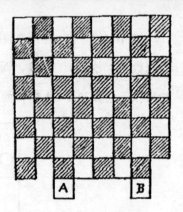

434 棋子趣题

取29枚棋子，排在棋盘上，排一个金字。现在想要把棋盘上的棋子按照下列规则取尽，用的是什么方法？

（1）每次所取不得多于1个；

（2）取棋子的时候，必须按直线行进，不得斜行；

（3）已经取出的棋子，其原有的位置看作是没有。

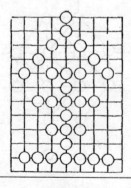

435 黑白易位

如图所示，做成一个棋盘，把白子两枚放在1、2两点上，把黑棋子两枚放在9、10两点上。现在想交换黑子和白子的位置，请问它们移动的顺序是怎样的？移动的要求是：除由此点可任意到邻近一点外，黑、白棋子不得同时在一条直线上。

所以开始时1、2上的白子仅可移到3，9、10上的黑子仅可移到7。

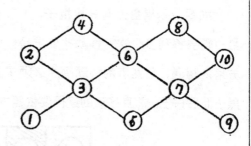

436 棋子的行程

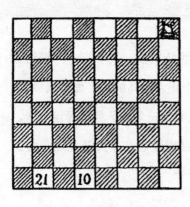

如图右上角有一枚棋子，现在想移动21次，让其行遍全图的方格，每个方格必须移到一次且仅此一次。第10次移动，必须移到标有数字"10"字的方格。

最后一次，必须到标有数字"21"的方格，这也是终点。必须注意的是，每相连两个动作，不可走相同的方向。也就是所说的每一次移动均须转弯。

437 棋子易位

如图所示棋盘上有8枚棋子，4白4黑。现在想交换它们的位置，请问最少需要移动多少次？移动的要求是：黑子和白子两个棋子不能同时在一个方格内相遇，且两者的移动顺序必须是互为更迭，如先白子而后黑子，或先黑子而后白子。并且移动的途径要依照方格对角线进行，不论停在哪个格内。

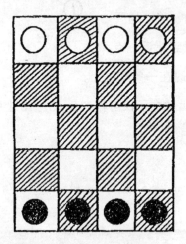

438 立方棋盘

我的朋友王某习惯用数学来说笑，他的趣题特别多，我不能一一把这些题收集在一起，其中最让我关注的一道题是：一个正六面体的六个面皆是棋盘，有一个棋子沿着正六面体的六面行走，走过棋盘的每一个格子且只经过一次，究竟这枚棋子是怎样走的，我也不知道。我在此向读者朋友公开此题，希望有聪明的读者能解答出来。

439 分割棋盘

有一副棋盘，想分成相等的 4 份，如图中粗线所示。每个棋子必须按照一定的方法移动，每一个方格不能不到达，但不能重复到达。但依照图中黑线所划分的 4 个部分，每个棋子必须侵入另一部分两次，试问有什么妙法，能把这个棋盘分成 4 个全等形，并让棋子在其中依法行走，但能不越界侵入另一部分呢。

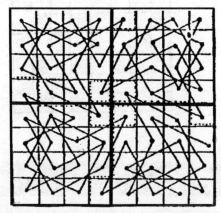

440 句子巧成象棋盘

有一个人经常拿一副象棋盘剖割，巧得若干个英文字母，并把所得的字母非常巧妙地组成句子"Cut thy life"（如图所示）。读者能把剖割成句子的板块重新拼凑成一副象棋盘吗？

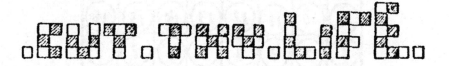

有一副象棋盘,如图所示。现在想把它分成若干份,而各份中所含方格之数要么各不相同,要么如方格数相同,它的形状必须不同。试问这个棋盘最多能分成多少块?

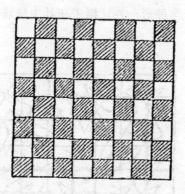

如图所示,放16枚棋子在棋盘方格中并记下它们的编号。现在想移去15枚棋子,最后只有一枚原编号为"1"的棋子存在,移动的要求:每一个棋子离开自己的位置时必须越过邻近的一个棋子而占一空格,而被越过的棋子,则须离开。

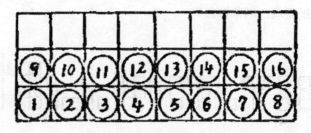

二子不移

此题由442题而引申而来，说笑话的这个人用一副棋盘，将32枚标有数字的棋子，如图所示相对排列。题意也是移去各枚棋子，最后只需存留两枚棋子（每边各一枚），移动的要求与442题相同。

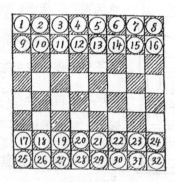

444 矩形的计算

试问一副棋盘内有多少个矩形及正方形。换句话说就是棋盘内线所示的正方形及矩形，用什么样的一个巨数表示它。

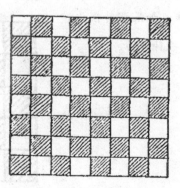

445 方丈的窗框

某方丈对他的侍僧说："你们看我屋里的窗框，形状如图所示。从窗眼射入的光线，纵横数均为偶数，若依照各对角线数，除第一、第四行对角线射入的光线数是偶数外，其余对角线上射入的光线数，均是奇数，这是什么原因呢？"侍僧们回答："这种现象是天然形成的，人的力量是不能改变的。"方丈说："不对，现在我用东西把部分的窗眼蒙上，能使纵横行及各对角线上射入的光线，均是偶数。"侍僧们听了之后惊叹不已。读者能知道方丈蒙住了哪些窗眼吗？

第一行对角线

第四行对角线

446 奇数方格

有一张奇数方格纸，先把它的中心一格割去，则所余下的图形如图所示。现在想要把余下的图形分为两份，其大小形状必须完全相同。请问它的分法共有多少种？

注意：分割后的形状，如果翻转摆放，前后图形相同的只能另算一种分法。

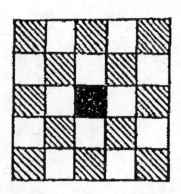

447 喇嘛趣题

　　某喇嘛特别爱好对弈，特制造了一副纯金的象棋盘，上面镶嵌价值昂贵的宝石四颗，其位置如图所示。没过多长时间，这个喇嘛病逝了，新来的喇嘛继承了他的财产。但他对于下棋没什么兴趣，于是想把这个纯金象棋盘分给其4个属下，让每个人所得的部分大小形状完全相同，且每部分中均含有一颗宝石。请问用什么样的方法能达到这个目的？

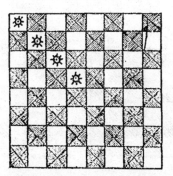

448 巧分狮画

　　某夫人有一幅画，画中绘有4只雄狮及4顶皇冠，其位置如图所示。现在她想要依照直线把此图分为4块，其大小形状必须完全相同，而每一块中必须含有狮子及皇冠各1个。她思考了很久也没有想出分割的办法，读者能想出一个好的方法帮她分割这张图吗？

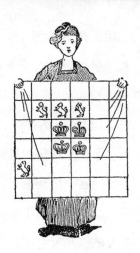

449 巧切方格

有一张双色相间的方格纸，上面共有36格。现在想沿着方格线把它切成两块，所得的大小形状完全相同，除由方格中线平分法外，还有多种分法，但切口的开始必须经过（1）、（2）图中的1，2，3三点中任何一点，又必须依（1）、（2）图中的任一条粗线而分割。读者知道共有多少种分法吗？

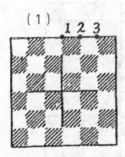

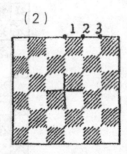

450 狗舍趣题

甲某有25间狗舍，各舍以小门相通，如图所示，其中1~20舍各居住一条狗。现在甲某想重新布置他的20条狗，使第一条狗~20条狗所形成的图形，与象棋中马走20步的线路相同。但下行5间狗舍仍是空舍。条件是：每次只能移动一条狗，若遇到两条狗同在一个狗舍时，它们必是相互争斗至死亡。请问如何能用最少的步骤，在避免狗发生争斗的情况下完成这个难题？

　　一个方形的监狱，狱中有小屋 16 间，互以小门相通，里面居住着 15 名囚徒，每个人都标有号数，监狱允许其互相调动，但遇到有两人同时出现在一个屋里时，必须对这两人重罚。众囚徒因为可在这里活动身体，舒展筋骨，颇感高兴。而其中有一名囚徒建议，移动时必须使每个人的号数成象棋中马的"巡回路线"，但仍不违反两人不可同居在一个屋子的规定，其移动后的次序如下：

8	3	12	1
11	14	9	6
4	7	2	13
15	10	5	

　　监狱长犯难了，因为他无论怎么调动也不免有两人同时出现在一个屋里的时候。然而囚徒的建议，移动的次数越少越好，囚徒尽可能不离开原位置，而东南角的小屋到最后仍然是空的。这真是一种妙法。

从前京城有一个郝姓商人，十分富有。他膝下有一女，多才多艺且貌美如花，前来他家提亲的媒人络绎不绝。郝姓商人夫妇不知道该选择哪一个，于是说："我有一道趣题，谁能解出圆满的答案，我就把女儿许配给他。"后来，有一个姓魏的后生解出答案，并展示给郝姓商人夫妇。于是魏姓后生与郝姓商人的女儿成了婚。读者想知道这是一道怎样的趣题吗？

叙述如下：

郝姓商人有一张桌子，区分为 25 个正方形小块，如图所示。每个方形放有标有数字的棋子 1 枚，现在想按照象棋中马的走法移动棋子，每次移动 1 枚，使它们成为数字顺序（即棋子 1 移到棋子 16 的位置，棋子 2 移到棋子 11 的位置，棋子 4 移到棋子 13 的位置，等等），而黑色位置的棋子必须仍在其固有的位置，同时不能有两棋子在一方块上，要求必须用最少的次数完成。

我将把移动的方法稍略展示如下：若第一步只有棋子 1、棋子 2 或棋子 10 可以移动，若第一次移动棋子 1，则第二次只可移动棋子 23，棋子 4，棋子 8 或棋子 21 的位置，因为只能把棋子移到空位处。其顺序如下：

1，21，14，18，22，等等。

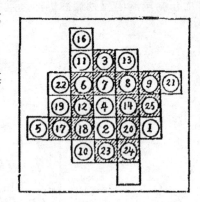

453 四个袋鼠

有一块田地，分为 64 个方块，田地的四个角各有一只袋鼠，这些袋鼠在田内的行动均依照象棋中马的走法移动，如图所示所表示的就是马的走法。一天早晨，各袋鼠从原地出发，连续跳 16 次，前 15 次跳跃步聚均不同，第 16 次则回归原处，但每一方格不能有两只袋鼠同时到达。本题困难的是，四只袋鼠在依照上

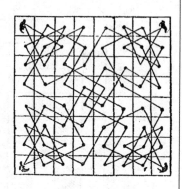

面的规则行动时，必须使各袋鼠均不越过田内平分线，试问读者究竟应该怎样走？

454 割 麦

某人有一块田，内分 49 个小区，小区分黑色、白色两种，黑色的小区内种植大麦，白色的小区内种植小麦。麦子成熟期到了，这人请人割麦。第一次割第一区的麦子，第十三次则割 13 区的麦子，第二十五次则割 25 区的麦子，第三十七次则割 37 区的麦子，第四十九次则割 49 区的麦子。各区的顺序如图所示。而割麦子的人所通过的道路是相等的线段（以小区中心点为起点和终点），并依顺序到各区中心一次，读者能用图表示割麦子的人所通过的路线吗？

455 圣·乔治捉龙

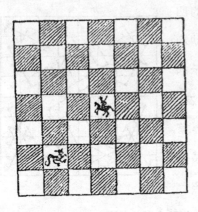

如图是一个缩小的棋盘，内分 49 个小方格，圣·乔治持枪立在中央的方格内，想捉杀左下边方格内的龙，现限制他捉龙的途径：须经过各方格内的中心点，各经过一次，然后到达龙的住所。而所经过的足迹，都是相等的线段。读者什么时候有时间可以尝试走一遍圣·乔治捉龙的线路，那将非常有趣。

456 后的旅行

如图所示，在应当属于后的方格里放入后，移动的规则要严格按照后的移动规则进行，要求每个方格只允许经过 1 次，请问后在 5 步之后走出的最远距离是多少？请把移动轨迹标注在棋盘上，注意横穿自己的运动轨迹是不允许的。

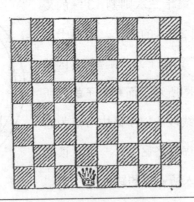

457 猎 狮

把81处场所排列成正方形，如图所示。现在有一个猎人与一头雄狮，各停留在固定场所内，猎人和雄狮的场所不在同一条直线上，这样狮子不会被猎人所获。请问符合这个条件的放置法共有多少种？

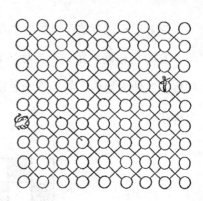

458 兵卒谜题

有16枚兵卒，想要把它们一一放置在棋盘方格中，安放后，使各纵横行及对角线上所有兵卒的枚数均相同，现在已经安放2枚，如图所示。请问其余的兵卒应该怎样安置？前面所为能达到所希望的目的吗？

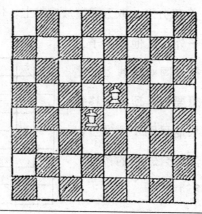

459 移置王冠

有8顶王冠各放在棋盘8个方格内，如图所示。其他各方格内虽没有王冠，但与其同行或同对角线上方格内，至少能有一项王冠。现在想要把3项王冠移置到其他方格内，并且移动后使有11个方格不符合题中的条件，请问应该怎样移动？

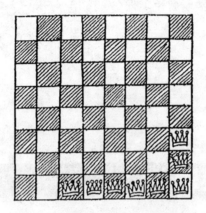

460 帽架趣题

把64个帽架，列成一个正方形，取五顶帽放在其上，位置如图所示。除这五个架子上各有1顶帽子外，其他各架子上虽然没有帽子，但与其同行或同对角线上的帽架上必有1顶帽子。现在想要把4顶帽子移置到其他各帽架子上，每次只能移动1顶帽子，移动后，各帽子的位置仍然符合题中的条件，请问这4顶帽子应该怎样移动？

461 十字星

有 81 颗十字恒星，排列成正方形，其中有 5 颗被较大的行星所遮蔽，其他各颗恒星虽本身不为行星所遮蔽，但与其同行或同对角线上的恒星，必有一颗被行星遮蔽。现在把 5 颗行星重新安放，仍使其各遮蔽一颗恒星。请问怎样安放能使其余各星均能符合题中的条件？

462 重铺新月

某祠堂内有方形石道一条，用 64 块方砖铺成，有 5 块方砖上刻有新月图案，其所在的位置如图所示。其余各方砖上虽没有新月图案，然而与其同行或同对角线上的方砖上必有 1 新月图案。每逢佳节，祠堂内必有祭祀的行为，取地毯放在石道上，因为没有想遮蔽任何 1 个新月图案，

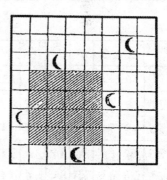

所以地毯的大小如图中阴影处。现在想放 1 块最大的地毯在石道上，而没有 1 个新月图案被它遮蔽。请问重铺路时，有新月图案的方砖应该放在什么地方？最大的地毯怎样覆盖其上？注意，有新月图案的方砖必须满足上述条件。

463 王冠与帽花

有 4 项王冠及 1 束帽花，所占的方格如图所示。其余各方格内，虽没有王冠或帽花，然而与其同行或同对角线上的方格内能有 1 项王冠或 1 束帽花。现在帽花的位置不动，而把 4 项王冠重新排列。请问怎样安置才能仍然符合题中所说的条件？

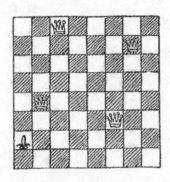

464 狗舍谜题

1	2	3	4	5	6	7	8
9	10	11	12	13	14	15	16
17	18	19	20	21	22	23	24
25	26	27	28	29	30	31	32
33	34	35	36	37	38	39	40
41	42	43	44	45	46	47	48
49	50	51	52	53	54	55	56
57	58	59	60	61	62	63	64

有 64 间狗舍，把 5 条狗分别放在其中，除编号为 19、27、29、35、44 五间狗舍内，能有 1 条狗外，其他各狗舍内，虽没有狗占据，但与同行或同对角线上狗舍内会有 1 条狗。除图所示的安置方法外，求其他能符合本题所限条件的安置方法有多少种？

465 羊圈趣题

某农夫有 3 只绵羊，想分别放在 A、B、C、…P16 个羊圈内，除 E、O、D 三圈内能各有 1 羊外，其他羊圈内没有羊占据。但与其同行或同对角线上羊圈内能有 1 只羊占据。除图所示的放置方法外，其他能符合条件的放置方法应该有很多种？注意：类似的放置方法只算作 1 种方法。

A	B	C	D
E	F	G	H
I	J	K	L
M	N	O	P

466 四十九枚货币

有 49 枚货币，币面上刻有 7 种字母，以 A~G 表示，每种字母各有 7 枚，编有 1~7 的编号，排列成正方形，如图所示。现在想重新排列，使纵横行及对角线上所有的货币，其上所写的字母及数字各个不同。请问应该怎样排列才能如愿？

A1	A2	A3	A4	A5	A6	A7
B1	B2	B3	B4	B5	B6	B7
C1	C2	C3	C4	C5	C6	C7
D1	D2	D3	D4	D5	D6	D7
E1	E2	E3	E4	E5	E6	E7
F1	F2	F3	F4	F5	F6	F7
G1	G2	G3	G4	G5	G6	G7

467 粘贴邮票

取一张纸，分成 16 格，在每一个格内粘贴邮票 1 张，其价值是 1 分，或 2 分，或 3 分，或 4 分，或 5 分，粘贴完之后，使各纵横行及各对角线上所粘贴的邮票价值各张不同，而所粘贴的邮票总价都是 50 分。请问取 1 分、2 分、3 分、4 分、5 分各邮票怎样粘贴才能符合题中所说的条件？

彩色货币

有红蓝黄橙绿5色货币各五枚,排列成一个正方形,而各颜色货币所在的位置如图所示。现在想重新排列,使各纵横行及两对角线上所有货币的颜色及数目均不相同。请问怎样排列才能达到所求的目的?

469 四物趣题

有8枚王、14枚兵、8枚后、21枚马安放在一副象棋盘中,其位置如图所示。现在想重新排列,使纵横行及对角线上没有2枚后;各纵横行上没有2枚王;各对角线上没有2枚兵以及各纵横行上相连的方格内,不能都放马。请问怎样安放才能得出上述的排列方法。

470 三十六字块

有六种不同的字块 36 个，排列如图所示。现在想重新排列，使各纵横行及对角线上没有相同的字块，但这事最终是不可能的。如 36 块中取去若干块而排列，则可以达到上述目的，求取去最少字块的排列方法。

A	B	C	D	E	F
A	B	C	D	E	F
A	B	C	D	E	F
A	B	C	D	E	F
A	B	C	D	E	F
A	B	C	D	E	F

471 奇哉 V，E，I，L

把 V、E、I、L 4 个字母各 8 个放在如图的方格内，使各纵横行及对角线上没有相同的字母，而各纵横行及对角线上的 4 个字母，有能成 "VEIL"、"EVIL"、"LIVE"。现在想重新排列，使各纵横行及对角线上仍没有相同的字母，而各行上的字母必有能成 "VEIL"、"VILE"、"LEVI"、"LIVE"、"EVIL" 五词中之一的，求能成五词最多的排列方法。

		V	E	I	L
		I	L	V	E
I	V			L	E
L	E			I	V
V	I			E	L
E	L			V	I
		E	V	L	I
		L	I	E	V

472 八色趣题

有彩色方格8种，取各色方格若干，凑成一个正方形，但缺其下方的两个角，如图所示，而使各纵横行及对角线上所有方格的颜色各不相同。现在想使图中白、红两个方格处（有蓝底）空缺，请问怎样排列能达到与前面相同的目的？

堇	红	黄	绿	橙	紫	白	蓝
白	蓝	橙	紫	黄	绿	堇	红
绿	紫	白	堇	蓝	红	黄	橙
红	黄	蓝	橙	绿	堇	紫	白
蓝	绿	红	黄	紫	白	橙	堇
橙	堇	紫	白	红	黄	蓝	绿
紫	白	绿	蓝	堇	橙	红	黄
	橙	堇	红	白	蓝	绿	

473 八星章

想要把8枚星章放在如图所示的方格中，放完之后，使各纵横行及对角线上所有星章的数均相同。现在已经放置一颗星章，其位置如图所示。请问其余各星章怎样安置，才能达到所求的目的吗？注意：图中黑线方格内，不能安放星章。

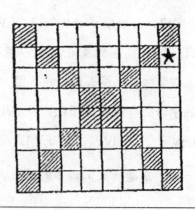

474 八枚王

把 8 枚王放在象棋盘中，其位置如图所示。各王可向纵横行或对角线上的方格中移动，但各纵横行及对角线上的方格内，不能安放两枚王。图中的安置法能符合上述条件，因为当中有 6 枚王所在方格的中心，每 3 点各成一条直线。现在想重新安置，使没有 3 枚王能成一条直线，而各纵横行及对角线上均没有 2 枚王，求符合这种条件的安置方法？

475 四头雄狮

有 4 头雄狮安置在如图所示的方格中，纵横行上所有的雄狮的数量都相同。除图中的安置法外，求其余的安置法共有多少种？

注意：类似的安置法只算一种，例如：把四头雄狮安置在另一条对角线上，则与图中的安置法相同，所以仅能算一种。

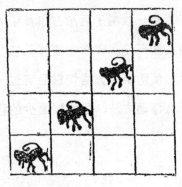

476 静棋趣题

有8枚棋子后，若每枚后占一个横行或纵行上的方格，则让各枚后相互防卫，如图（1）所示。若每枚后占一对角线上的一个方格，则各枚后不能相互防卫，如图（2）所示。现在除每枚后占对角线上一个方格的方法外，还有其他使每枚后占一个方格，而不能互相防卫的方法吗？

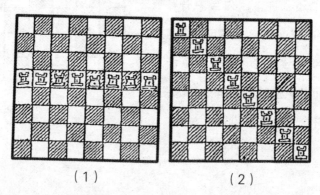

（1）　　　　　　（2）

477 车的路径

有一枚棋子后放在棋盘中间，所占的位置如图所示。现在想要移动它，经几次移动后，使图中各方格均被后走过一次，请问用什么移动方法，后能以最少的移动次数历方格一周？

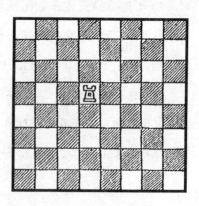

第十五章

排列趣题

478 巧除海盗

从前有艘船，船上有 15 名船员，在航行途中，他们陆续地救了 15 人。但船长很快发现，这 15 人是海盗，他们随时可能抢劫。这时，突然海上起了风暴，船长急中生智地宣布说："船载得太重了，危险性特别大，只有把 15 人投到海里留下 15 人，船才不会颠覆，否则大家必死无疑。"船上的人都赞成船长的建议。船长接着说："我们 30 人排列成环状，从我开始数，数到第九的，则投到海里，按顺序再数到第九的，再投到海里，这样循环到 15 人投到海里而仅剩 15 人为止。"大家都没意见，于是就按照这个方法进行，最后 15 名海盗都投到了海里，而 15 名船员得以生还。请问这 30 人当时是怎么排列的才会有这种结果？

479 立嗣谜题

从前富农甲某有 30 个孩子，有 15 个是前妻生的，另 15 个是现在妻子生的。现在的妻子想让丈夫立自己的儿子为嗣子，就对丈夫说："30 个孩子立在圆环上，按顺序从某个孩子开始数，数到第 9 个孩子要站到环外，不能成为嗣子。然后再数，到最后仅剩一个孩子为止，就立这个孩子为嗣子。"丈夫同意了。于是现在的妻子就让 30 个孩子按环形站立，并按顺序从某个孩子数起，结果她有 14 个孩子立于圆环外，仅剩 1 个。于是她对丈夫说："现在我的孩子仅有 1 人，若再离开，那么我就没有希望了。现在从我的孩子起倒数，行吗？"丈夫又同意了。按照这个方法倒数，前妻的 15 个孩子均立到了圆环外，只剩现任妻子的孩子，于是他成为丈夫的嗣子。请问，这 30 个孩子是怎样排的。

480 师生远游

　　某女教师每天课余时间带领 15 个女生到郊外游玩，3 人一列，共成五列。请问应该怎样排列，则一个星期 7 天中，女生们可以不与她们曾同列的编成一列？

481 油桶排列

　　商人甲某有 10 个油桶，垒成 2 层，各油桶的上面分别写有号码 1，2，…，10，数值越小的，其价格越高，这中间 1 是最好的，10 是最差的。想要问一问 10 个油桶排列的方法共有多少种？有一个前题条件：一个油桶的左边的一桶，或在其下的一桶，其价格均不能大于这个油桶。换句话说，就是一个油桶的桶号数字必须小于其左边油桶的桶号数字以及下边油桶的桶号数字，此题有 不同的排列方法，现在举一例如下，试大家找出其他的排列法。

$$1\ 2\ 5\ 7\ 8$$
$$3\ 4\ 6\ 9\ 10$$

482 十字计算

用1，2，3，4，5，6，7，8，9九个数字排成十字形，图（1）是希腊十字形；图（2）是拉丁十字形，两图中纵行各圈内的数相加之和，与横行各圈内的数相加之和相等。请问，如变更圈内各数，你能找出多少种符合上述条件的排列方法？

```
     ①                    ②
     ②               ④ ⑤ ① ⑥ ⑦
   ③ ④ ⑨ ⑤ ⑥             ③
     ⑦                    ⑧
     ⑧                    ⑨
    （1）                 （2）
```

注意：反转及反照之类，都不能看作是不同的方法。即若把图（1）或图（2）翻转则可得四种不同的排列方法；若把（1）图或图（2）放在镜子前，也可得其他四种排列方法，但这些排列方法不能作为答案。

483 宿舍谜题

如图所示，某校有学生寝室8间，中间有一楼梯通达8间寝室。有一天是星期一，寝室的管理人员到寝室检查人数，发现南边的人数之和6倍于其

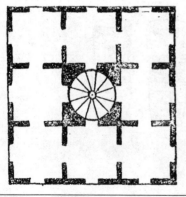

他3边中的任意一边（其他三边的人数相等），很不高兴。星期二检查时，发现南边人数之和是其他3边任意一边人数之和的5倍。他很困惑，自言自语地说，"昨天我看到这边人数最多，非常不高兴，为什么今天仍然这么多呢？"星期三他又来检查，发现南边的人数4

倍于其他3边中的任意一边。星期四，南边的人数3倍于其他3边中任意一边；星期五，南边的人数2倍于其他3边中任意一边。到星期六，各边的人数开始相等。请问符合这种组合至少需要多少名学生？

484 四张邮票

甲某有邮票12张，张张相连，如图所示。图中1，2，3，4，……是邮票的记号，不是邮票的价值。有一天他的朋友向甲某借用4张邮票，但所借的四张邮票必须是相连的，例如1，2，3，4，或2，3，6，7，或1，2，3，7，或2，3，4，8等等。请问在这12张邮票中，共有多少种符合条件的剪法？

1	2	3	4
5	6	7	8
9	10	11	12

485 打 靶

如图表示靶子。靶子上共有20圆环，现在有甲、乙两人，各用枪射击，每次射击4枪，这四枪击中的位置，必成一个方形。图中上方中空的四个圆环，就是被甲所击中的，其余中空的4个圆环是被乙所击中的，都成正方形。请问共有多少种符合条件的击中形式？

486 九名学童

有九名学童，每当放学时分3人为一组而行。现在想要在6天中（除星期日），每次放学时，他们没有一个人与任何其他学童有一次以上的并肩而行。请问读者，如何安排才能满足上述要求？

若用开头的英文字母代表学童，则第一天的组合如下：

$$A \quad B \quad C$$

$$D \quad E \quad F$$

$$G \quad H \quad I$$

则以后 A 与 B，B 与 C，D 与 E，等等，都不能并肩而行，但 A 能与 C 并肩而行，此题并不关系到三人为一组，实则关系到 3 人互相并肩而行的条件。

487 十六只羊

如图所示，用火柴排成一个方框表示篱笆，硬币代表羊。但羊的位置不得移动，所能移动的只是图内的九片篱笆（框内的火柴）。如图所示，九片篱笆相连，将这16只羊隔离成四群，分别有8只、3只、3只和2只。现在某农民想重新换个方法隔离羊，使这16只羊分为6、6、4三群。读者能告诉我们用什么方法移动内部篱笆吗？但只许移动两片，若这种方法能成，可移动三片吗？若三片可成，则四片、五片、七片，又会怎样呢？

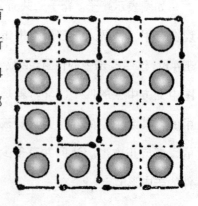

如图中共有 21 张纸片，这 21 张纸片代表 21 只老鼠，其顺序是特别设定的，按自然数的顺序依次捕鼠。如果猫想捕群鼠的话，此猫可从任一张纸片开始数数，数数必须从 1 开始，按照顺序往下数 2，3，4，……（依照顺时针的方向），当数到某处时，如纸片上的数字恰与所数的数相同，则捕之。然后移走所捕的纸片，从其下一纸片开始，再从 1 开始数数，如某处纸片上的数与所数的又相同，则又可捕之。例如从 18（指纸片上的数而言）开始即数（这个 18 即为 1），则第一次捕得的必是 19，移去 19 后，再从 21 数起，则第

二次捕的必是 10，再移去 10，然后从 1 开始数，则第三次必到 1，若再移去 1 而从 14 开始，则继续进行 21 次，未必能完全捕尽，所以此题准许读者交换任意两张纸片的位置，例如 6 与 2 对调，或 7 与 11 对调，等等。请问先调哪两个数，然后从哪个地方开始，则 21 次可以把各老鼠捕尽。请读者想一想？

用 n 个人围绕圆桌而坐，其不同的坐法应该有 $\dfrac{(n-1)(n-2)}{2}$ 种，但一人

的左右两邻，不能有一次以上的相遇。例如甲的左右两邻是乙与丙，则乙与丙不能有两次坐在甲的左右（以一次为限）。请问有多少种坐法？

490 玻璃球

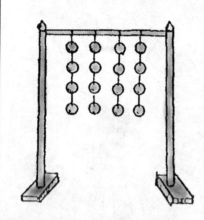

有一队猎人，住在某一客店，店主组织一个游戏供猎人们取乐。店主将 16 个玻璃球，连成四串挂在架子上，如图所示，让猎人用枪击破它们。之后这些猎人各使出自己的绝技射击玻璃球，并且说："倘若我们射击任何串珠最下的球，则有很多不同的击法。"这里提供两种方法供读者参考，一种方法是从左而右，即连续击破每串所有的 4 球；另一个方法是先击各串的第 4 球，后击第一串所剩下的 3 个球，再从右而左击其他 3 串上的各球等等。请读者计算一下究竟有多少种射击的方法？

491 三人乘舟

甲开办一家工厂，有工人 15 名，每年夏季必有一个星期的休假，厂里拿出一定的资金供工人们游玩。有一年的夏季，又到了休假期，甲让工人在这 7 天中做一个摇船的游戏。要求如下：每条船只需乘坐 3 人，并且任何两人不能有两次同乘一条船，以及一人不能有两次乘同一条船。聪明的读者，你能用最少的船安排妥当吗？

492 乐师献技

从前某国王喜好乐器，宫中有 4 个著名的乐师，一个姓宗，一个姓华，一个姓陆，一个姓陈，他们各有专长。宗以笙见长，华以箫见长，陆以管见长，陈以笛见长。一天国王召见他们，让他们每个人献出自己的绝技。于是 4 个乐师都争着想要先演奏，国王说："你们技能的好坏取决于所奏的乐曲是否好听，为什么非要争先演奏呢？咱们还是商议一个最好的办法，使每个人在若干天中，都有第一个、第二个、第三个或第四个演奏的机会。例如，今天，宗第一个演奏，明天其他三人也有一个演奏的机会。今天宗在第二个演奏，明天其他三人也各有一次在第二个演奏的机会。请问读者怎样安排，才能让 4 个乐师在最短的天数内，按上述要求演奏完毕？

493 网球比赛

有 4 对新婚夫妇来到一个网球场，进行网球双打比赛。一夫一妇常与其另一夫一妇相对，但一人不能有两次与其他一人同在一边或相对。现在想在 3 天内在两个球场比赛，请问怎么组合才是最合适的？

494 纸片游戏

现在有 12 个人做纸片游戏，每组 4 个人，4 人中每两人为一边，连续游戏 11 晚上，每晚 3 组，但每一人不能与他曾对阵的任一人有 2 次相遇，即第一次甲与乙对阵，则以后不可以再使他们相遇，这 12 人用 A、B、C、D、E、F、G、H、I、J、K、L 来表示。请问用什么方法组合才好？

有A、B、C、D、E、F、G、H、I、J、K、L12人相邻而居，于是组成一个饮酒图。每次饮酒必须到一个大屋，可是桌子特别小，每席只能供两2人坐，若让12人连饮11夜，而每组的人也必须天天更换。如第一夜A与B组成一组，第二夜就必须更换其他人，必须是夜夜不同。但不能有两人两次同在一组，你能用什么方法合理安排吗？若依照字母的顺序，则第一夜的各组如下：

（AB）（CD）（EF）（GH）（IJ）（KL）

第二夜也可以如下列的形式：

（AC）（BD）（EG）（FH）（IK）（JL）……

但必须保持2人不能相遇2次。

某书中记载有这样一道趣题。题中说，把15只羊驱赶在4个栅栏中，使每个栅栏里的羊数相等，此题一出，一时无人能解答。不久老农韩、萧、张3人想到了解法，但3人的解法各不相同。韩说："先把这15只羊驱进另一群羊中，让他们互相争斗，待这群羊死了3只后，然后驱赶余下的12只羊到4个栅栏中，每个栅栏3只。"但这种解法让羊群数量减少3只，是不符合题意的。萧说："先在3个栅栏，每个栅栏放4只，余下3只放入第4个栅栏中，但这第4个栅栏中必须含有1只待产母羊，如果在夜间放入，则第二

天母羊可产下1只小羊羔，
这样就与其他栅栏中的羊
数量相等了，这种方法不
是更好吗？"但这也不是
完美的答案。最后到了姓
张的，张这个人特别狡猾，
他说："我把这4个栅栏
及羊群放入我的田中，你

们若随着一同前往，可以看到我的解答方法了。"他的解答方法，读者知道吗？
注意观察图，可从中得到提示。

497 巧涂骰子

一个骰子共有6面，分别涂有数字1~6，但须两两相对，即1与6，2与5，
3与4相对。请问有多少种不同的涂法？

498 四面体的染色

如图（1）左边是一个四面体展开的形状，虚线是重叠的棱，现在想用彩虹的七色，赤、橙、黄、绿、青、蓝、紫涂在四面体的各面，或用一色，或用两色、三色、四色，但一面不能涂两色，且每面都要涂色。请问有多少种不同的方法涂？

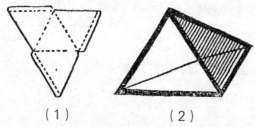

（1）　　　　　　（2）

499 离合诗游戏

现在想作离合体的诗，首字是 A，末字是 B；或首字是 A，末字是 C；或首字是 A，末字是 D，等等，请问全体 26 个英文字母按上述要求组合，可得多少对？（注：离合诗即是每句之首必嵌入题目字。）

第十六章

迷宫趣题

迷宫的形式有许多，如墓地、建筑迷宫、洞穴，还有一些弯曲的道路，它们以平铺路和大理石路面为标志。正是因为迷宫的多样性，才使得它一代代地流传至今。

图 1

19 世纪以前，基督教君主，以及大教堂和其他教堂先后把迷宫阵用作礼服上的装饰。起初完全是想以此来象征包围人类的一道道恶习罪业。

迷宫阵开始盛行是在 12 世纪早期，图 1 就是这一时期圣昆廷教区教堂上的图画。教堂中间的人行道就是这样的形状，其直径达到了 34.5 英尺。道路就是那些线条。把封闭的线条忽略掉，用铅笔标注点 A，顺着线条完全可以到达中心位置。只是中途无法改变方向。不难看出，这些早期的教堂迷宫阵其实算不上什么谜题。

同样奇怪的地面还存在于圣柏林的修道院教堂内，这是耶路撒冷寺庙的象征，甚至还有驿站建设在里面。没有到达圣地朝圣的信徒常常来参观这些迷宫阵。悔过的人有时候要长跪着用手和膝盖走完里面所有的道路，以此作为一种苦行的方式。

图 2 是沙特尔大教堂的迷宫阵，直径为 40 英尺的亚敏大教堂迷宫（1 288–1 708）和圣昆廷的很像，同样是八边形。有个以黑红瓷砖以及蜡画成的棕黄色迷宫被建造在法国贝叶镇的牧师会礼堂。在《诺曼底游记》中有段话是这样写的："一个构造精致，直径 10 英尺的迷宫，

图 2

从它的一端到另一端得有 1 英里长。"这是度卡罗博士对卡昂斯蒂芬大教堂的地面迷宫进行描述时写的。

如图 3 所示，有的是在一块小瓷砖上把迷宫阵呈现出来。卢卡大教堂直径为 95 英寸的迷宫就是很好的例子。这样的例子还有很多，到处都充满了迷宫的足迹，像在马恩河畔度萨特修道院里，有着悠久历史的帕维亚圣米歇尔教堂，以及普瓦捷、普罗旺斯、艾克斯、兰斯大教堂，罗马的阿奎那·圣·玛利亚，拉文那的圣维塔勒等。

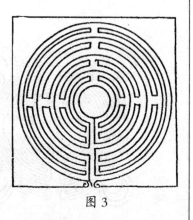

图 3

这些在欧洲大陆经常看到的迷宫，在英国的教会中从来不曾出现过，至少是我从来没有看到过。可是这迷宫的痕迹却遍布了所有乡村的草皮里。人们通常用"米兹迷宫"或"麦兹迷宫"来称呼它们，像是具有歧视韵味的"特洛伊镇"、"朱利安村落"、"牧羊人赛事"等很少有人用。这些其实就是对大陆教堂迷宫的借鉴，它们都是选择在以前或者现在的神职建筑旁。我保证绝对不是牧羊人发明了这些东西。可是欧洲大陆居然没人知道这些草皮迷宫，在《暴风雨》的第三幕第三场，莎士比亚对其作过清晰的描写。

被当地人称作是"米兹迷宫"的在剑桥郡的康伯顿有一个，以及多希特的雷伊有一个。多希特的雷伊是一片田野，它就在山顶的最高处，和村落有 0.25 英里的距离，外面是高 3 英尺的堤坝，里面的中空直径是 30 步的圆形。这些小的沟壑在 1868 年被草皮覆盖了，因此所有的路径都消失不见了。而康伯顿的迷宫在那个时期还是完整的，但是我不能确定，可能是两个都不见了。对于别的例子是否存在，我无法给出证实，可是其形状我可以画出来。

图4、图5的两个迷宫分别位于艾克塞斯萨福伦的沃尔顿和诺丁汉郡的斯宁顿，图4的直径是110英尺，图5全长1605英尺，直径51英尺。后者曾被人用犁耕过，那是在1797年2月27日。

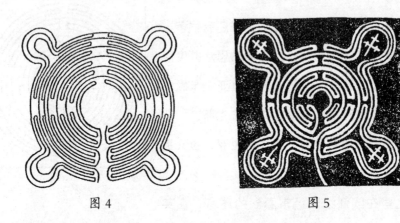

图4　　　　　　　　　　图5

图6的迷宫阵是在林肯郡的奥尔克伯勒，那是远眺亨伯河的好位置。不难看出它很像沙特尔大教堂和卢卡大教堂的迷宫，它拥有44英尺的直径。图7这个直径为37英尺的迷宫是在诺丁汉郡的鲍顿格林。同时被我展示出来的还有图8，它的直径为40英尺，那是位于卢特兰郡的村落里，紧挨着卢特兰郡的阿平厄姆。

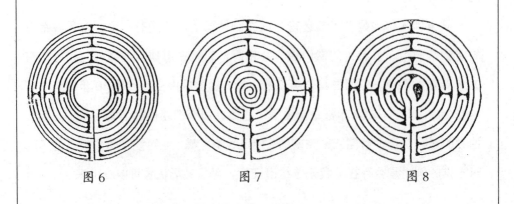

图6　　　　　　　图7　　　　　　　图8

图 9 的迷宫阵是在温彻斯特的圣凯瑟琳山，它隶属于切尔康姆教区。它连接中心的是一条直线，和图 10 是有严格区别的，它的边长是 86 英尺，这是在草皮上画割而成的，"麦兹迷宫"这是当地人对它的称呼。它在 1858 年因为模糊不清而被管理员重新画割了一次，这要多多感谢当地一个常住于此的女士，正是她画出了平面图才有了后来的修缮工作。

图 10 的迷宫阵位于瑞盆公地，长度据说有 1221 英尺，直径 60 英尺。在 1827 年翻土时被毁坏，后来根据平面图进行了修复。

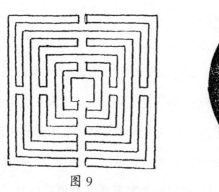

图 9

图 10

图 11 位于赫特福德郡的西奥波尔兹，它的入口设在四个封闭性的障碍物里，路径没有选择性。在一本 1537 年出版的意大利建筑书籍上我摘录了图 12 的迷宫图，还有在一本 1706 年出版的《退休的员工》中的迷宫

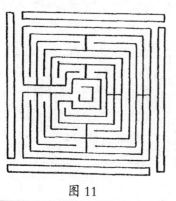

图 11

图 12

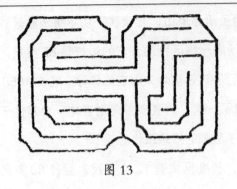

图 13　　　　　　　　　　　　　　　　图 14

图 13，本书的作者是伦敦和瑞斯，除此之外，再加上一个图 14，这是个荷兰的迷宫，这些都可以帮助我们加深印象。

这些颇具历史价值的迷宫，行走起来并没有多大的难度。可是迷宫阵在经历了改革时期之后变得十分庸俗，除了消遣再没有别的了。弯弯曲曲，被厚厚的树篱围着，这是它们共同的特点。对于这些树篱，罗马人一点也不陌生，"topiarius"的意思就是装饰性园艺师。如今这些迷宫都已经失去原有的意义。一些"茶、六便士、谜题花园、迷宫入场券"的牌子到处都是。对迷宫比较喜爱的威廉三世，请伦敦和瑞斯为其在皇室的宫殿汉普顿宫里设计了迷宫。如图 15 所示。我面前有不同的版本三四个，但是我用的是一个导游指南上面的。我们后面再对这些带点的黑线进行解释。

图 16 的迷宫位于赫特福德郡的哈特菲尔德，索尔兹伯里侯爵就在这里。假如没有图纸的帮助，和这个汉普顿宫的迷宫一样，真的不是很容易走出来。

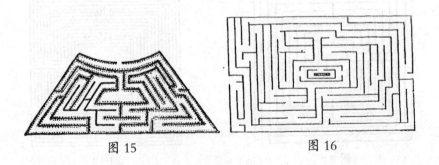

图 15　　　　　　　　　　　　　　　图 16

里面有很多的死胡同，不容易走是一个原因。

图 17 的迷宫起源于王后的园艺梦，随后曾经被毁坏过，最后保留了一部分。虽说有 3 个入口，可是很难找到通往中心的路。我将会用一个简单但是有趣的德国迷宫书面形式来展现一个迷宫的线路，如图 18 所示。还有比较独特的多西特的平柏恩迷宫（图 19），构成它的是比 1 英尺还要高的小山丘，面积足有一英亩，可惜的是在 1730 年被毁坏了。

图 17

图 18

图 19

至于怎样走上面的迷宫，我们这就说一说。对于我讲述的内容真希望没有任何数学知识的人也可以理解。想象一下有一个我们毫不知情，还没有平面图的迷宫，我们现在要进入它，也就是到达中心。在树篱没有被断开的情况下，我们可以始终用右手或者左手的篱笆作为参照，在每一个死胡同那里要原路折回，参照始终不能变换，随后从进来的地方出去，因此所有的路都要被我们走两次，进入中心也不止一次。

认真对汉普顿宫的迷宫进行细致的研究，你会发现我说过的一点没错。因为岛屿的存在，你会无法穿过中心位置，并且不能走完所有的迷宫。对于哈特菲尔德迷宫就没有人能够走到迷宫的中心，这完全是因为中心位置的原因。

此中的错误，我在数年前的南威尔士的科尔迪岛迷宫就曾经领教过了。我在这个不大的迷宫里走了很久居然没有到达中心，同时也没有走出去。一张纸被我扔在了路上，没一会儿再次看到了它，我十分清楚自己这是进入了一个死胡同。在树篱中间穿过去，我非常细心地寻找，不久就找到了中心并且走了出去。这样的错误假如出现在走汉普顿迷宫的时候，我们只会从一个岛屿达到另外一个岛屿！所以说，我们成功走出迷宫的第一个要点就是和树篱接触。可是这样仍需小心，只是因为对于是否走完了每一条路以及有无分离区域，这些我们一无所知。

假如有很多的岛屿存在于迷宫里，那么不是很容易就可以走出整个迷宫的。可对于所有的迷宫，特莱谋的做法都值得借鉴。那就是用标记注明所有的交叉口和出口。图20是我想象出来的简单迷宫，我通过这些可以更好地理解特莱谋的方法。我们用节点来称呼那些转弯位置的圆圈。路途中已经进入过的节点就是老节点，路途中从未进入过的节点就是新节点。需要注意的要点如下：

第一，对于所有的通道只能进入一次；

第二，在新节点位置可以任选通道；

第三，在新通道进入老节点或者死路，一定要马上返回；

第四，在返回的途中一旦遇到新节点立即变换道路。

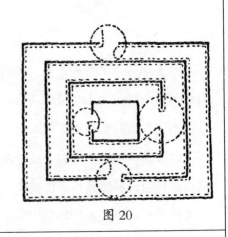

图 20

遵照上面的叙述找出的路线如图所示，我们受此引导可以顺利进入中心。

对于到达中心的最短路径或者路径的条数利用我们上面的方法无法得知，要得出解答就要利用平面图。如图21，这是哈特菲尔德迷宫，我们就以这个例子来进行说明。所有的死路都被我涂上了阴影，在死胡同必然要倒回来，不然走不出迷宫。假如进入点是点A，终点就是点B；假如开始在点C，那么终点就要在点D。因此路径的长短完全是由A、B、F或者是C、D、E之间的长短来决定。最终得出经过C、D、E、F的路径最短。

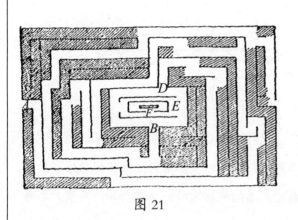

图21

图22

三个被我说出来的迷宫都是理论上谜题。这是因为别的方法从来没有构造出这些迷宫。图22的费城迷宫就是其中的一个。曾经有位推销员因为对迷宫的着迷和执著，而失去了自己的工作，他就住在美国的费城。对于自己爱好的谜题，他日夜不停地进行研究，他曾经因为这个小小的迷宫阵而兴奋不已。他最后居然是神经失常，自杀了。对于他曾经陷入的困境，只有老天爷知道。可是不管怎么说，他的确是疯了，也自杀了。其实什么特殊的含义也没有，和爱尔兰格言相同，它适合于所有的行业，当然也包括谜题。要把所有的事情都看淡些，不要太过重视某件事情。因此，在谜题的解答过程里千万不要和自己的性命过不去。

假如所有的道路只允许走一次，图 23 有多少种不同的方法从点 A 走到点 B？从图 23 中，我们可以看出，AC 之间和 FB 之间的路径只有一条，且无法回避。但从点 C 到点 D，有三条路。我们分别标记为 1，2，3 的能到达点 D。同样的从点 E 到点 F 又有三条路，我们标记为 4，5，6。此外由点 C 到点 E 与由点 D 到点 F 的通路，我们用虚线表示。通过图 23，就可以直接明白图 22 的情况了。在图 23 中，选取任何状态的途径，都能符合图 22 的迷宫，这样可以简化我们解题的思路。在这个简单化的图 23 中，由点 A 到点 B 的不同的行走路径共有 640 种，这也是图 22 的答案。

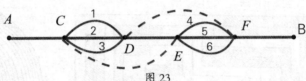
图 23

图 24 和 图 25 两个谜题是我们留给读者思索的。把到达中心的最短路径找出来，就是题目要求。没有人知道这些迷宫是否真的存在。迷宫在某些作家的想象里就是有着较差结构的房子，里面包含着数不清的困惑人的通道和房间。其实，本章中的草图真的是缺乏权威性。图 25 罗莎蒙德家的凉亭只是要告诉你逆向思维的好处。

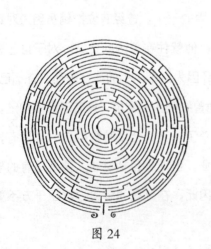
图 24

图 25

第十七章

日历趣题

凯姆·吐克教授曾创造性地算出某年某月某日是星期几，他用 y 为年数，D 为这一年的日数，依次用 4 100 400 除 $(y-1)$，而所得的整数部分，再按下面的式子，求 S 的值。$S=y+D+\dfrac{y-1}{4}-\dfrac{y-1}{100}+\dfrac{y-1}{400}$，再用 7 除 S，从所得的余数，可推定其是星期几，0 则为星期六，1 则为星期天，2 则为星期一，其余类推。例如，2014 年 10 月 1 日，则 $y=2\,014$，$D=274$，$\dfrac{y-1}{4}=503$，$\dfrac{y-1}{100}=20$，$\dfrac{y-1}{400}=5$。则 $S=2\,014+274+503-20+5=2\,776$，7 除 S，余 4，所以 2014 年 10 月 1 日为星期三。

◎**星期的由来**◎

古代的星期叫曜日，七曜记日法也就是古代星期记法。

一曜日共七天。

它们的对应关系为：

星期天　日曜日

星期一　月曜日

星期二　火曜日

星期三　水曜日

星期四　木曜日

星期五　金曜日

星期六　土曜日

星期天／日曜日为一曜日的第一天。

现在中国已经不再使用曜日了，而日本和韩国仍在使用。

曜日的这些名称最早起源于古巴比伦（Babylon）。公元前 7 至公元前 6 世纪，巴比伦人便有了星期制。他们把一个月分为 4 周，每周有 7 天，即一个星期。古巴比伦人建造七星坛祭祀星神。七星坛分 7 层，每层有一个星神，从上到下依次为日、月、火、水、木、金、土 7 个神。7 神每周各主管一天，因此每天祭祀一个神，每天都以一个神来命名：太阳神沙马什主管星期日，称日耀日；月神辛主管星期一，称月耀日；火星神涅尔伽主管星期二，称火耀日；水星神纳布主管星期三，称水耀日；木星神马尔都克主管星期四，称木耀日；金星神伊什塔尔主管星期五，称金耀日；土星神尼努尔达主管星期六，称土耀日。

古巴比伦人创立的星期制，首先传到古希腊、古罗马等地。古罗马人用他们自己信仰的神的名字来命名 1 周 7 天：Sun\'s-day（太阳神日），Moon\ 's-day（月亮神日），Mars\'s-day（火星神日），Mercury\'s-day（水星神日），Jupiter\'s-day（木星神日），Venus\'-day（金星神日），Saturn\'s-day（土星神日）。这 7 个名称传到不列颠后，盎格鲁 - 撒克逊人又用他们自己的信仰的神的名字改造了其中 4 个名称，以 Tuesday、Wednesday、Thursday、Friday 分别取代 Mars\'s-day、Mercury\'s-day、Jupiter\'s-day、Venus\'-day。 Tuesday 来源于 Tiu，是盎格鲁 - 撒克逊人的战神；Wednesday 来源于 Woden，是最高的神，也称主神；Thursday 来源于 Thor，是雷神；Friday 来源于 Frigg，是爱情女神。这样就形成了今天英语中的 1 周 7 天的名称：Sunday（太阳神日），Monday（月亮神日），Tuesday（战神日），Wednesday（主神日），Thursday（雷神日），Friday（爱神日），Saturday（土神日）。

502 安息日趣题

一天，我的朋友黄某问我说："世界各国的安息日，能否都在同一天？"我说："不可能。"黄某说："何以见得？"我说："如耶稣教徒的安息日是星期天，而犹太人的安息日是星期六，土耳其的安息日则是星期五，这些就是例子。"黄某说："有没有可能有这三个安息日在同地同日呢？"我说："不可能。"黄某说："可以的。你好好地想一想。"可我想了很久也想不出来，特告诉读者，想请你们替我想一下。（注：安息日一词源于阿卡德语，本意为"七"，希伯来语意为"休息"、"停止工作"。犹太历每周的第七日，即星期六为安息日。犹太人谨守安息日为圣日，不许工作。）

503 历书中的谜题

若世界末日是一个新世纪的第一日，读者能算出那一天不可能是星期几吗？

第十八章

数理谬谈

504 代数谬谈 （1）

设有方程式：$15x+12=6x+30$

移项　　$15x-30=6x-12$

$$15(x-2)=6(x-2)$$

用 $3(x-2)$ 除两边，则 $5=2$。

大家能知道错在哪里吗？

505 代数谬谈 （2）

$\because a=b$，

$\therefore ab^2=a^3$。

两边各减 b^3，得

$ab^2-b^3=a^3-b^3$。

用 $a-b$ 除其两边，得

$\quad b^2=a^2+ab+b^2$。

设 $a=1$，　$b=1$，

则 $1=1+1+1=3$。

读者想一想，这样合理吗？

506 代数谬谈（3）

设 a 大于 b，c 为其差，

则 $a=b+c$，用 $a-b$ 乘以其两边，得

$a^2-ab=ab-b^2+ac-bc$

即 $a^2-ab-ac=ab-b^2-bc$

$a(a-b-c)=b(a-b-c)$

用 $a-b-c$ 除之，则 $a=b$。

由原设 a 大于 b，而其结果是 $a=b$，所说的不是大数等于小数吗？

507 代数谬谈 (4)

设有方程式：$5+\dfrac{9x-55}{7-x}=\dfrac{4x-20}{15-x}$

整理左边，得 $\dfrac{35-5x+9x-55}{7-x}=\dfrac{4x-20}{15-x}$

化简，得 $\dfrac{4x-20}{7-x}=\dfrac{4x-20}{15-x}$

用 $4x-20$ 除其两边，得 $\dfrac{1}{7-x}=\dfrac{1}{15-x}$

解方程，得 $7=15$。

是对是错，明眼人一看不难得到解答。

508 代数谬谈（5）

证明 4−10=9−15，

两边各加 $(\frac{5}{2})^2$，得 $4-10+(\frac{5}{2})^2=9-15+(\frac{5}{2})^2$

整理，得 $2^2-2\times2\times\frac{5}{2}+(\frac{5}{2})^2=3^2-2\times3\times\frac{5}{2}+(\frac{5}{2})^2$

即 $(2-\frac{5}{2})^2=(3-\frac{5}{2})^2$

开平方，得 $2-\frac{5}{2}=3-\frac{5}{2}$。

两边各加 $\frac{5}{2}$，得 2=3。

是对是错，请读者朋友给予判定。

509 几何谬谈

妇孺皆知24不等于25。然而用几何法能证明它们相等。读者想必很奇怪吧？

用硬纸裁剪成一个正方形，如图（1）所示，假设其边长为5寸，则其面积是25平方寸。若依照虚线剪开，合成矩形如下右图所示，则其面积是24平方寸，这不是24等于25吗？读者朋友知道问题出在哪吗？

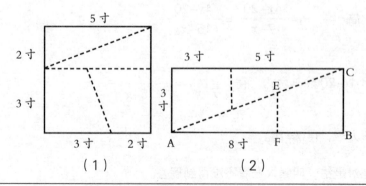

（1）　　　　　　（2）

510 直角等于钝角

求证：直角等于钝角。

设 $\angle ABC$ 为钝角，$\angle DCB$ 为直角，CD 等于 BA，连结 AD，作 AD 的中垂线 EG，作 BC 的中垂线 FG，交 EG 于点 G，连结 GA、GB、GC、GD，

则 $GA=GD$，$\ \ GB=GC$。又 $CD=BA$，

所以 $\triangle GBA \cong \triangle GCD$。

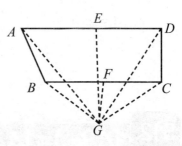

所以 $\angle GBA= \angle GCD$，

但 $\angle GBC= \angle GCB$，

所以 $\angle GBA- \angle GBC= \angle GCD- \angle GCB$

即 $\angle ABC= \angle DCB$，这不是所说的直角等于钝角吗？

511 凡三角形都有两角相等

凡是三角形都有两角相等，换句话说就是所有三角形都是等腰三角形。你可别当这是奇言怪语，我可以证明上述论点。

设三角形 ABC 为任意三角形，$\angle A$、$\angle B$、$\angle C$ 均不相等，作 $\angle A$ 的平分线 AO，又作 BC 的中垂线 FO，与 AO 交于点 O，连结 BO、CO，作 OD 垂直于 AC，OE 垂直于 AB，

$\because \angle OAD= \angle OAE$，$\angle ODA= \angle OEA$，$OA=OA$，

$\therefore \triangle OAD \cong \triangle OAE$。

$\therefore OE=OD$，$AD=AE$。

又∵ $OB=OC$，$OE=OD$，

∠ $ODC= ∠ OEB$，

∴ △ $ODC ≌△ OEB$。

∴ $DC=EB$。

∴ $AD+DC=AE+EB$。

∴ $AC=AB$。

∴ ∠ $C= ∠ B$。

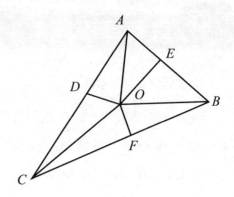

512 143-1=144

　　143 减 1 等于 144，这是错误的理论，然而有这样的说法，请允许陈述。

　　白纸一张，裁成矩形，长 13，宽 11，则其面积是 143，作对角线 QU，原矩形分为两个三角形，向下移动一格，如图 1、图 2，把 TSU，PQR 两个三角形截去，则成正方形 $RVSX$，每边为 12，其面积是 144，而△ TSU，PQR 的面积各为 0.5，所以说 143-1=144.

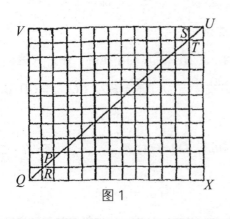

图 1

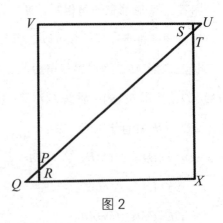

图 2

连续三数相等 (1)

下列 A，B，C 三图，由图中所示的文字，可得其面积如下：

$S_A = 4xy + (y+z)(2y-x) = 2y^2 + 2yz + 3xy - xz$，

$S_B = (x+y+z)^2 = x^2 + y^2 + z^2 + 2yz + 2zx + 2xy$，

$S_C = (x+2z)(2x+y+z) = 2x^2 + 2z^2 + 2yz + 5zx + xy$。

若 $x=6$，$y=5$，$z=1$，

则 $S_A = S_B = S_C = 144$，

若 $x=10$，$y=10$，$z=3$，

则 S_A 大于 S_B 大于 S_C，

即 $S_A = 530$

$S_B = 529$，$S_C = 528$，

这不是连续三数相等，其错误在哪里？

请读者试求之。

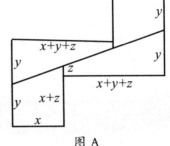

图 A

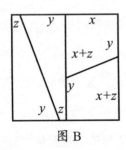

图 B

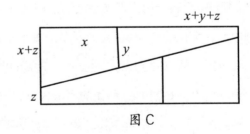

图 C

连续三数相等 (2)

用硬纸四块，排成 A，B，C 三图如下，则其面积由下面的式子计算得出。

$S_A=2xy+2xy+y(2y-x)=3xy+2y^2$,

$S_B=(x+y)^2=x^2+2xy+y^2$

$S_C=x(2x+y)=2x^2+xy$。

设：$x=5$，$y=3$。

则 $S_A=63$，$S_B=64$，$S_C=65$。

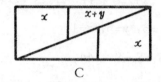

硬纸四块并没有变更，不是 63=64=65 吗？

我是不相信，请你试一试？

515 大小两圆的圆周

　　甲对乙说："圆环中内外两圆大小相等。"乙说："你太滑稽了，这不又是在戏虐我吗？"甲说："不是，我证明给你看。"乙说："不妨把详情说出来，我把错误的地方告诉你。"甲说："设大圆在地上转动，其上的点 A 与地面接触，旋转一周到点 B，则直线 AB 等于大圆的周长。同时有一个小圆，与大圆同心，其上点 C 与点 A 连结的线，本来垂直于地面，等到大圆旋转一周，小圆也转一周，从点 C 到点 D 的位置，直线 DB 仍垂直于地面，而 CD 等于小圆的周长，则 AB 与 CD 相等，所说的不是大小圆周长相等吗？"乙说："你错了。"随后，他说出了原因。甲听后笑着说："如果不听你这一番分析，我几乎被此题所迷惑了。"读者朋友知道甲的证明错在哪吗？

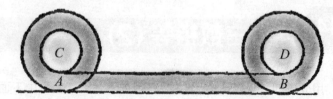

凡三角形都是正三角形

设 A，B，C 为三角形的三个角，a、b、c 为其三条边，延长 CA 到点 D，让 $AD=c$，则 $\angle ADB$，$\angle ABD$ 各等于 $\frac{1}{2}\angle A$，延长 BA 到点 E，让 $AE=b$，则 $\angle AEC$，$\angle ACE$ 各等于 $\frac{1}{2}\angle A$（注：$\angle B=\angle ABC$，$\angle C=\angle ACB$，$\angle A=\angle BAC$）。

在 $\triangle BCD$ 中，

$$\frac{CD}{BC}=\frac{b+c}{a}=\frac{\sin(B+\frac{1}{2}A)}{\sin\frac{1}{2}A},$$

又在 $\triangle CBE$ 中

$$\frac{BE}{BC}=\frac{b+c}{a}=\frac{\sin(C+\frac{1}{2}A)}{\sin\frac{1}{2}A},$$

$$\therefore \frac{\sin(B+\frac{1}{2}A)}{\sin\frac{1}{2}A}=\frac{\sin(C+\frac{1}{2}A)}{\sin\frac{1}{2}A},$$

$\therefore$ 故 $\sin(B+\frac{1}{2}A)=\sin(C+\frac{1}{2}A)$，

故 $\angle B=\angle C$

同理可以证明 $\angle A=\angle B$，所以 $\angle A=\angle B=\angle C$，所以 $\triangle ABC$ 是正三角形。

俄人拙算

有人曾向华盛顿大学教授莫尼蒂说俄国人的计算方法很奇特，他说俄国境内的人计算能力特别笨拙，他们仅可以用 2 为乘数或除数，若乘数不是 2，则用下面的方法求之：

（1）想要相乘的两数写在一条直线上；

（2）第一数用 2 乘，写在积的线下；

（3）第二数用 2 除，写在商的线下；

（4）（2）的积，（3）的商，写时务必让它们在同一列。（2）、（3）的方法继续使用，到商数是 1 为止；

（5）右行的数是偶数的，则把左行对应的数弃掉；

（6）把左行没有弃掉的数相加，则得所求的积。

相传此方法是一个僧侣所教，它的道理在什么地方？大家知道吗？

$$93 \times 74 = 6\,882$$

93	2	74
186	2	37
372	2	18
744	2	9
1488	2	4
2976	2	2
5952		1
6882		

518 确定质数法

100 以内的质数，我们一看便知，若其数大于 100，则判断其是不是质数，必须用埃拉托斯特尼筛法，先把奇数顺序写出，如 1，3，5，7，9，11，13，15，…，因为 3 是质数，则每隔两数的数，如 9，15，…均不是质数，取消它们。5 是质数，则每隔四数的数，如 15，25 等取消。7 是质数，则从

7 起每第七个数都取消。这样到最后所剩余的数都是质数。这种方法虽然合理，但数在 10 万以上时，则方法非常繁琐，读者能舍掉这个方法而再求一个更好的方法吗？

519 完全数

完全数是它所有的真因子（即除了自身以外的因数）的和（即因子函数），恰好等于它本身。例如 6 的真因子是 1、2、3，而 1+2+3=6，所以 6 是完全数。在自然数中，第一完全数是 6，第二完全数是 28，第三是 496，第四是 8 128。请问大于 8 128 的最小的完全数是多少？

520 最大的数

用三个数字所表示的数，最大的是

$$9^{9^9}，\quad 即\ 9^{387\,420\,489}$$

读者是否知道此最大数到底有多少位数？

如在各数字上加以阶乘符号如下：

$$9!^{9!^{9!}}$$

则此巨数又有多少位数？

521 印子钱

印子钱是私债的一种。民国时期，山西商人常从事这个行业的，而这种借款，是成万借出，然后逐日零星地偿还的小借款。因为它要每天收款，并且都是用红印作为标记，所以名为印子钱。

凡是想要借印子钱的，先请介绍人向放印子钱的通融，得到同意，然后取款，以后逐日零星连本带息偿还，相当于今天的按月等额支付银行贷款相似。假设某人支借印子钱若干，须偿还利息20%，由本日起，借款期限为100日，按日平均本利之和，逐日由债权人向负债人收取偿还的1%，借期全满之后，就是本利全部归还之日。但是当借债人取款的时候，必须缴纳印花税合银一分（即16文），然后书写债票，再缴纳票据费10文。然后开始把借款人的名字登记在账簿上，登记时须缴纳登簿费10文，又依照借款的多少，被扣底串钱为其借款总款的5‰，以及当日应该偿还的本利之和。而取得的款，银币为多，每元的币值又比日后偿还时的币值高出20文，请问这种借款的利率是多少？

522 命的谬算

我国的习俗，往往根据某人的生辰八字，推算他命运的好坏。在古代，由于人们受教育的程度很低，许多人非常相信这种说法，他们或等待机会而不知奋发图强，或专门仰仗势力而无所不为，以至于成为骄横之民。这种现象比比皆是，这种颓废的风俗，自古就有。当然，有些人不相信这些，就开始询问算卦的，想知道他们推算的方法。这些推算方法不外乎用天干地支相配，分为年、月、日、时四项。这就是所说的命中八字，就八字的生克，来定人事的吉凶，于是一些无业游民就以此谋生。然而世界之大，人口众多，它的数量必然超过相信八字的数量。而每个人的境遇，绝对相同的亘古未见，就是孪生的双胞胎，其吉凶祸福也并不相同，更不用说那些荒诞可知的了。我们研究数理，就是应当研究它的排列规律而用文字来论述它。

523 阿基米德牛的趣题

1770 年沃尔文布特（Wolfen-buttel）的图书保管员，发现希腊诗集中，有一个最难的问题，它的篇名为《阿基米德牛》，是一首关于数学的诗，听说是埃拉托色尼研究的。但这个问题过去未经说明，所以阿基米德是否是此题的作者已不可考。下面所列举的已经被德国的译者所修改。涅斯尔曼在 1842 年以及克伦比塞尔在 1880 年宣布而发表的，其题说：有一个牛群，饲养在西西里岛的平原上，依照它们的毛色分为黄、黑、乳白、斑斓四小群，但公牛数比母牛数多，试依下面的关系而计算。

白公牛 = 黑公牛的 $(\frac{1}{2} + \frac{1}{3})$ + 黄公牛。

黑公牛 = 斑斓公牛的 $(\frac{1}{4} + \frac{1}{5})$ + 黄公牛。

斑斓公牛 = 白公牛 $(\frac{1}{6} + \frac{1}{7})$ + 黄公牛。

白母牛 = 黑群的 $(\frac{1}{3} + \frac{1}{4})$。

黑母牛 = 斑斓群的 $(\frac{1}{4} + \frac{1}{5})$。

斑斓母牛 = 黄群的（$\frac{1}{5}$ + $\frac{1}{6}$）。

黄母牛 = 白群的（$\frac{1}{6}$ + $\frac{1}{7}$）。

读者如果能不用高等数学的知识，而知道各种公牛、母牛的数量，可说在初等数学领域，已达登峰造极的地步了。然而应当注意的是，下列公牛的总数的关系。

白公牛 + 黑公牛 = 一个完全平方数。

斑斓公牛 + 黄公牛 = 一个三角数。

读者知道牛的总数有多少头吗？

524 二次方程式机械解法

自从苏格兰数学家纳皮尔发明对数后，许多繁琐的运算变得简单了。牛津大学的埃德蒙·甘特创造对数线，威廉·奥特雷德因此造出滑尺，名为计算尺，用计算尺计算越发简单。但是，这些只是便于对某一个数的对数运算，对于如何快捷地解方程式没有多少帮助。后来有位数学家造出一种滑尺，能解二次方程式。现叙述其构造及其用法。

一、尺的构造

尺用竹子或木片做成，形状似普通滑尺，它的上面刻有三种刻度不同的尺，上下两尺固定不动。如 A，C，其他一尺可滑动在两者之间，如 B，三尺都用等距离划为若干份，中间为 0，从 0 向左右分列各数（1）图。C 尺上的数是正负的自然数，B 尺是 C 尺对应数的一半，A 尺是 B 尺对应数的平方数。

例如 C 尺是 6，则 B 尺的对应数是 3，A 尺的对应数是 9，若 C 尺是 -7，则 B 尺的对应数是 -3.5，A 尺的对应数是 12.25.

二、尺的用法

（1）第一用法

凡是二次方程式均可化为 $x^2+Px+Q=0$ 形，现将 B 尺上的 0，放在 C 尺上的数 P 的下面，然后在 A 尺上取与 C 尺的数 P 相对应的数 $(\frac{p}{2})^2$，从这个数减去方程式中的独立项 Q 的 $(\frac{p}{2})^2-Q$，还要在 A 尺上找出这个数，而这个数必有两个，分别在 0 的两侧。这时 B 尺上对应在 A 尺 $(\frac{p}{2})^2-Q$ 的两数，就是所求的两根）

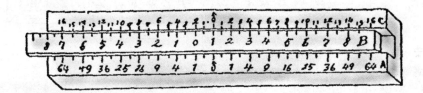

（2）第二用法

此方法最初的步骤与前面的方法相同，不同的是 $(\frac{p}{2})^2-Q$ 之后就不一样了，得 $(\frac{p}{2})^2-Q$，是把这个数开方，（即 $\pm\sqrt{(\frac{p}{2})^2-Q}$ 然后在 B 尺上取得对于 C 尺 0 的数，而此数必是 $-\frac{p}{2}$，理由在下面的原理 2 中）还要在此数中加入或减去前面开方所得的两根，则得两数，一是 $-\frac{p}{2}+\sqrt{(\frac{p}{2})^2-Q}$，一是 $-\frac{p}{2}-\sqrt{(\frac{p}{2})^2-Q}$，此两数就是所求的两根。

例 1 解方程：$x^2-5x-4=0$，

解 把 B 尺的 0 放在 C 尺 -5 之下，同时得 6.25 在 A 尺之上，减去 -4 得 10.25。开方得 $\pm\sqrt{10.25}$，还要在 B 尺得对于 C 尺 0 的数 2.5，则两根可得，即 $2.5+\sqrt{10.25}$ 或 $2.5-\sqrt{10.25}$

例 2 解方程 $x^2-6x+13=0$

解法如上，放在 B 尺上的 0，在 C 尺 -6 之下，同时得 9 在 A 尺之上从 9 减去 13，得 -4，开方得 $\sqrt{-4}$，还要在 B 尺上得与 C 尺上 0 相对的数 3，则所求的两根是 $3+\sqrt{-4}$ 及 $3-\sqrt{-4}$，即 $3+2i$ 及 $3-2i$。

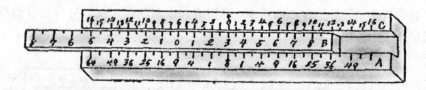

525 圆周率的略数

用 1~9 九个有效数字及 0，组成一个式子，使它的值约等于 π。现列举一例如图所示，请读者朋友找出其他组合方法。

$$\pi = \frac{67\ 389}{21\ 450} = 3.1415926\cdots\cdots$$

526 圆周率的记忆法

现在已经计算出的圆周率多达数百万位数，但在实际应用方面显然不需要那么精确，一般人通常能记到 12 位，也已经足够用了。从前有个人有两句诗专记此数，特写在下面提供给大家。

See I have a rhyme assisting

My feeble brain its tasks sometimes roaisting

诗中每个字的字母数，按顺序是圆周率的数。如果读者高明，能用嵌字法作一首诗，记圆周率到数十位吗？

527 线段的中点

有人向某几何学家问求线段中点的作法。几何学家说，这是很容易的事。问的人又说："不用其他器具，仅用一个圆规，又不用其他机械作法，来求线段的中点可以吗？"某几何学家思考了很久，终于找出了方法。读者知道他的方法吗？

528 整数直角三角形

勾三股四弦五成直角三角形，在我国古代早已经发现。埃及人在公元数百年前，也知道这个规律，并经常应用在造塔上。直角三角形的三边恒有此种关系，但如果限制用整数为边，则有下列公式。

$$\left(m^2+n^2\right)^2=\left(m^2-n^2\right)^2+(2mn)^2$$

式中 m、n 可为任何数，但 m 大于 n，

请问用 100 以内的数为边，共有整数直角三角形几组？试列表说明。

529 三等分圆

试用曲线三等分圆。

530 四等分圆

拿破仑在航海去埃及途中，对他的随从说："我想四等分圆，但不用直线只用圆规，你们知道它的方法吗"？他的随从无人能回答出来。拿破仑自己宣布了解法。拿破仑真是能文能武啊!

531 椭圆画法

椭圆为三种圆锥曲线之一，画它很不容易。现在有一个画法，可以不用规矩以外的器械，大家知道是什么方法吗?

532 制造水槽

我的朋友有长8尺，宽3尺的梓板，每角切去一个相同的小块正方形，然后折起，可使它成为一个方形的水槽。为了使这个水槽能盛最多的水量，请读者思考一下，每个角切去的小正方形的边长应当是多少？

533 造箱省料

某食品公司想造锡筒，每筒内装 a 立方寸的饼干。锡厚 d 寸，因为不知道它的高与直径用多少长度最省料，便请教某数学家。这位数学家说，应该用微分法求解。大家学习数学可能有很多年了，知道该如何求解吗？

534 益智环

益智环是我国玩具的一种，始于何时，何人创造，现在无从考证。世人所用的大抵是九环，故把它命名为九连环，因它对人的智力开发非常有帮助，所以改称为益智环。

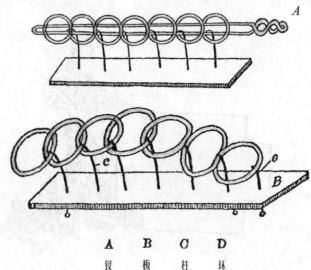

A   B   C   D
钉   板   柱   环

益智环各部的名称，向来无专称，为便于说明起见，所以定为钉板柱环，从实用的角度讲是否合理，暂时还不知晓。让上图 A 为钉，B 为板，C 为柱，D 为环，环不是一枚。如上图所示，从 A 开始到 B，依次为第一、第二、第三环，为便利设计七环，请问上下需要多少步骤？

535 益智环趣题

现有 14 枚环，想从钉上继续取下（均依照正当的方法，没有一个是没有意义的动作）。请问已经做完第 9 999 个步骤之后，其环的情况怎样？

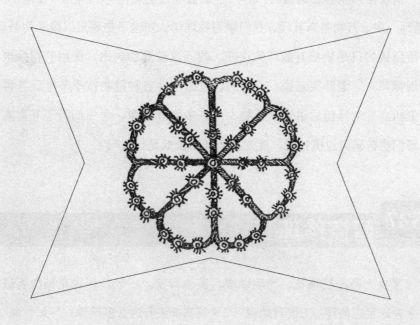

第十九章

杂题集

　　有位老师携学生远游,行到郊外,正值春光明媚,百花争艳。一位学生问他:"老师,宇宙万物各有其理,我们学习物理学,知道了物理是以数学为基础的,就是所说的凡是物都有数理的存在。敢问这葱葱的树木,美丽的花朵也存数理规律吗?"老师笑着说:"有的,是历法让各种植物按季节呈现各种不同的生机。"老师随后讲述了植物上的许多数理趣事,学生们听了非常高兴。读者们也曾研究过植物吧,能知道老师所说的是什么吗?

537 智盗珍珠

　　某女士有一枝珠花,光明璀璨,美丽异常。一天,因珠花稍微有破损,她拿去珠宝店修理。工匠对她说:"这花真美!有这么多珍珠!"女士说:"是的,这是家传的宝物,珍珠的数目我并没有精确计算,但听我母亲说,这花共有8个三角形,每个三角形用的珍珠数均为8颗。"修好后拿回家,她仍就佩戴着。数月后,她的哥哥从外地回来,有一天晚上,他看着这花说:"这花丢了4颗珍珠。"女士听后,便把修理一事告诉了哥哥。哥哥说:"必是工匠偷去无疑。"女士把母亲

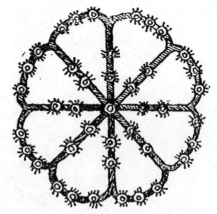

所说的话告诉哥哥,证明没有被偷去之理。哥哥说:"我熟悉这花,共有45颗,

现在剩下 41 颗，必被人盗去了 4 颗，不过他用最简单的方法，重新排列了一下而已。"女士随后向该修理店讨要四珠，最终没有得到。但此事足可以引起我们的疑问，最初的 45 颗究竟是怎么排列的，而这个工匠又用什么简单的方法盗去 4 颗，仍不变其每个三角形三边有 8 颗的规则，希望读者为我解答。

538 巧窃银币

甲某新雇了一个仆人，想考验他是否诚实，就用 16 枚银币，排在桌上，如图所示，自言自语地说："我从 A 数到 C，又从 B 数到 C，均是 11，如果有偷的，我必知道。"仆人在外面听甲某的话，等待甲某出来，窃取两枚。甲某回来数了一下，以为没有错，不知道仆人偷了之后还在笑。请问这个仆人用是什么方法窃得两枚银币的?

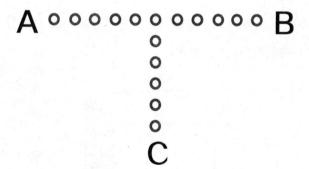

539 铜链趣题

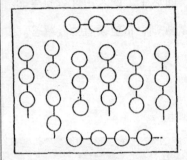

某人有铜链9段，如图所示。他现在想要连结这9段铜链成一条循环的铜链，现已知凿开一圈，费银1分，焊成一圈，费银2分，但购此同样的循环链只需银2角4分。请问有什么方法连结此环最节省费用？

540 接木奇术

数年前，有位工匠持图（如下所绘）一张及两块立方木，问我说："你素来会计算，头脑聪明。现在我想把这两块立方木，依照此图（图中其他不能看的两垂直面也与这两面相同）用鸠尾榫密切接合，有什么妙法，能巧妙安这两榫。"我竟不能解答，因此将此难题登在各报纸上。承蒙许多聪明人士的抬爱，不断送来各种接木法。它们虽木质不同，大小各异，但接法是一样的。读者想--想究竟是什么方法？

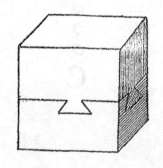

541 巧拼积木

有六块积木，如图中的 a，b，c，d，e，f，试集合而成一个立方体。

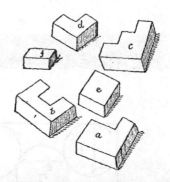

542 登楼妙算

有个孩子外出游玩，途径一幢别墅，别墅中有一座 9 层高的小楼，旁边有数行小字，说：凡是想登这座楼的，由地板起，必须到楼板 2 次，方允许登楼。但必须注意的，只许退到地板 1 次，每步只许升 1 级，每级所经过次数须相等。这个孩子沉思很久，竟没有想出上楼的方法。现在想将此问题提供给读者，问有什么妙法，能用最少的步数登上这座楼？如果找出它的方法，不仅能简单快捷地上楼，而且十分有趣味。

543 射雉趣题

甲、乙两人各携一支猎枪，外出闲游，忽然看见某个荒园中飞起 24 只雉鸡。甲举枪射击，中弹而死落下的是其总数的 $\frac{2}{3}$。乙又用枪追击其余的，因为翅膀受伤而落下的为 $\frac{3}{24}$。请问 24 只雉鸡中，静留在地上的共有多少只？

544 布置周密

有一张矩形纸片，长 4 寸，宽 2.4 寸。现在想要在这片纸上放最多数的硬币（假设硬币的直径均为 0.8 寸），第一枚可放到任何地方，第二枚须距离第一枚 0.8 寸，第三枚须距离第二枚 0.8 寸，其他类推。但不可使它们相触，或

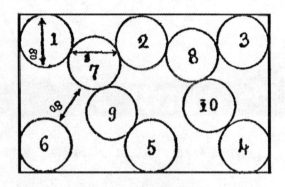

越出纸张范围，如图所示。我放置第十枚后，就不能再放置任何一枚硬币了。请问读者朋友，如果让你放，你最多能放多少枚？

545 银行商

某银行商把 1 000 元分别贮存在 10 个袋子中。若有人持支票取款，所付的款从 1 元到 1 000 元，此商人均能随时给付，而不必开囊数之。请问这十个袋子中所贮存的钱数各是多少？

546 星座趣题

设有星座如图所示。请问能否在图中绘出一个较大的星星，与原有的星形相似？但其线不能与原有之星相交。

547 猜奇偶数

甲某双手均握有硬币，一手的硬币数是奇数，另一手的是偶数。他问我："两手中的硬币，哪个手上的是奇数？哪个手上的是偶数？"我说："请你用右手的数乘2，左手的数乘3，加在一起，把它们的和告诉我。"甲说："其和是35。"我说："你左手中的硬币是奇数。"大家想一想，我是用什么方法知的？

548 猜数术（1）

甲对乙说："你随便想一个数，依照我的方法来算，我能猜出其结果。"乙说，我已经想好了一个数。甲说："用 2 乘它。"乙说："已经乘过。"甲说："加 4，再用 3 乘它。"乙说："乘得了。"甲说："再用 6 除它，除去后，再减去你所想的数。"乙说："已经减去。"甲说："减去后得出的结果是 2。"乙说："是的，但你用什么数术？请详细地告诉我。"

549 猜数术（2）

赵同学对李同学说："请你随便想一个数，又加 1 在此数上，用大数的平方减去小数的平方，而把它们的差告诉我，我就能知道你所想的是什么数。"李同学说："两数之差是 25。"赵生说："你所想的那个数是 12。"请问赵同学用什么方法猜出的？

猜数术（3）

甲对乙说："请你在第一表中，认定一个数，暗记在心，而告诉我此列中第一个字母。"乙说："可以，已经认定了，其字母是E。"甲说："你再在第二表中，检查此数在某列，告诉我在其所在行中第一个数字。"乙说："7。"甲说："你认定的数是55。"乙说："是这样。"请问甲用什么方法知道的？

A	B	C	D	E	F	G	H	I
51	70	26	63	55	29	48	22	59
24	34	71	18	73	11	3	58	5
42	7	35	54	19	38	57	13	32
15	79	53	27	46	20	12	67	50
60	25	17	45	1	47	39	40	14
78	52	62	81	28	74	66	76	77
6	16	44	9	64	56	21	4	41
69	61	80	36	10	2	75	31	68
33	43	8	72	37	65	30	49	23

表一

1	2	3	4	5	6	7	8	9
1	10	19	28	37	46	55	64	73
2	11	20	29	38	47	56	65	74
3	12	21	30	39	48	57	66	75
4	13	22	31	40	49	58	67	76
5	14	23	32	41	50	59	68	77
6	15	24	33	42	51	60	69	78
7	16	25	34	43	52	61	70	79
8	17	26	35	44	53	62	71	80
9	18	27	36	45	54	63	72	81

表二

猜数术（4）

甲对乙说："用6除某数余2，用10除某数余4，问最小的某数是多少？"乙说："14。"甲说："怎么知道的？"乙说："先求10的倍数中用6除余2的最小数。"

因 $10 \div 6 = 1$　余4

所以 $10 \times 2 \div 6$ 的余数，即 $4 \times 2 - 6 = 2$

又因 6 除 10 余 4

$6 \times 4 \div 10$ 的余数，即 $6 \times 4 - 20 = 4$

所以用 6 除余 2，用 10 除余 4 的数是 $10 \times 2 + 6 \times 4 = 44$。

而所要的数要求是是最小的数，所以 44 中须减去 6 与 10 的最小公倍数 30，即 $44 - 30 = 14$。

甲又说："某数用 8 除余 5，用 6 除余 3，求最小的某数。"

乙说："21。"

甲说："为什么？"

乙说："先求 6 的倍数用 8 除余 5 的数。再求 8 的倍数用 6 除余 3 的最小数，但 6 的倍数、8 的倍数，用 6 和 8 除其余数都是偶数，不能是 5 是 3。

所以本题应当变更如下：

先求用 8 除余 4，用 6 除余 3 的数，而后加 1。

而 6 的倍数中用 8 除余 4 的最小数是 12，8 的倍数中用 6 除余 2 的最小数是 8。所以所要的最小数是 $12 + 8 + 1 = 21$。"

甲又说，某数用 3 除余 1，用 5 除余 3，用 7 除余 6，求某数。

乙说："13。"

甲说："它的方法是什么？"

乙说："请试想一想。"

读者想必学习数学有多年了吧，但你们知道它的方法吗？

参考答案

第十三章　点线趣题

398.巧植树

排列方法如图所示：

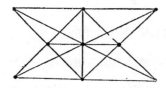

399.栽 花

花的排列应如图所示，共28行，每行4株。

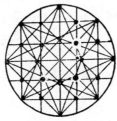

400.奇妙的选择

以"○"代表杏树的位置，以"X"代表李树的位置，如图所示，则杏、李各植5行，每行皆植4株，且仅有2株植于东北角上，故植树时必如图选择。

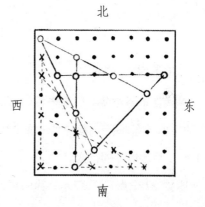

401.选择植树

用"○"代替杏树的位置，如图选择的位置，那么杏树为5行，每行都是4株。

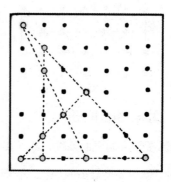

402. 排植树木

这道题的答案给了两个已知条件，用点表示树的位置，用直线表示树的排列，如图所示：

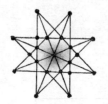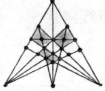

403. 移除树木

这道题的答案确实有很多种，用最多的行数不能决定，给的所知条件为21行，且是最多的行数。

图中27个点"•"表示铲除的树，"x"表示剩下的树，那么"x"为21行，每行正好为4株。

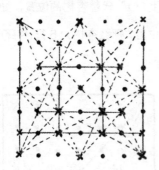

404. 炮台图形

想要符合国王的条件，其答案有很多种，但想要有最多的炮台，不能从外方直接攻击，只有一种，所以所画的炮台图形，如图所示，如"*"的位置的两个炮台不能从外方直接攻击。

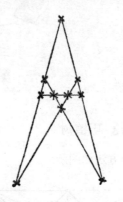

405. 俄土之战

这道题的答案有很多种，因为俄国的士兵数不定，根据已知条件，如图是最适合本题的。

如图俄国士兵11名，在"*"的位置，而土耳其士兵有32名，其位置在"•"，土耳其士兵没有射击的本领，所以子弹纷纷越过俄国11名士兵的头上，反伤自己的战友，且结果正好伤亡了一半。

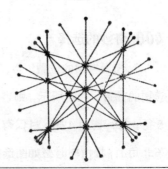

406. 移动硬币

上面为两枚硬币，下面为4枚硬币，也可颠倒它们的位置，同样满足本题的要求？选择上面硬币移动的方法，共有10种，选择下面硬币移动的方法，共5种，再颠倒它们的位置，共计有方法

$$2 \times 10 \times 5 = 100（种）$$

每种方法中选中的4枚硬币，共有24种的排放形式，所以10枚硬币共有

$$100 \times 2 = 2\ 400（种）$$

移动形式，也就是这道题的答案：共有2 400种。

407. 排针趣题

这道题初看不是很难，做起来才开始觉得无从下手，其解法如下：

自左数起，第一针插在第一列第五点，

第二针插在第二列第三点，

第三针插在第三列第一点，

第四针插在第四列第六点，

第五针插在第五列第四点，

第六针插在第六列第二点。

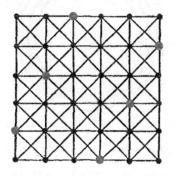

408. 移动棋子

如图，将"×"移去，移到"〇"的位置，就成了七行，每行仍为4枚棋子。

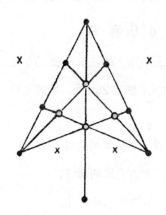

第十四章　博弈趣题

409. 汽车赛

这道题第一点必须注意所赛的路径，因路径是圆圈，所以在白车前的车，也就是在其后的车，现将 $\dfrac{1}{3} + \dfrac{3}{4} = \dfrac{4+9}{12} = \dfrac{3}{12}$，白车也包含其中，也就是车数为13，想知道为什么，看图及说明。

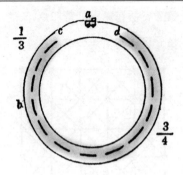

设 a 为白车,在 a 前的 $\frac{1}{3}$ 当是 c 到 b 的车数,在 a 后的 $\frac{3}{4}$,当是 d 到 b 的车数,$\frac{1}{3} + \frac{3}{4} = \frac{13}{12}$,则 b 自身变为两辆,除去 b 自身,还剩一辆,这一辆代白车,所以知道总车数为 13。

410. 赛 马

王某所下的注是乌骓 120 元,追风 150 元,轶尘 200 元。想知究竟,请看下式:

设 a 为乌骓的赌注,

　　b 为追风的赌注,

　　c 为轶尘的赌注。

依题意,得

$$\begin{cases} 4a-b-c=130, & (1) \\ 3b-a-c=130, & (2) \\ 2c-a-b=130。 & (3) \end{cases}$$

(1) - (2),得

$5a-4b=0$。　　　　(4)

(1) + (2) + (3),得

$2a+b=390$,　　　　(5)

(5) ×4,得

$8a+4b=1\ 560$　　　(6)

(4) + (6),得

$13a=1\ 560$,

解方程,得

$a=120$。

用 $a=120$ 代入 (5) 中,得

$b = 390-240 =150$

将 $a=120$、$b = 150$ 代入 (3) 中,

$2c=130+270=400$。

$\therefore c=200$。

411. 足球比赛

这个孩子所认识的球员人数是 7 个,有 3 种分配方法,描述如下:

(1) 2 人左右臂都没有受伤;

　　　1 人伤右臂;

　　　4 人伤左右臂。

(2) 1 人左右臂均未伤;

　　　1 人伤左臂;

　　　2 人伤右臂;

　　　3 人伤左右臂。

(3) 2 人伤左臂;

　　　3 人伤右臂;

2 人伤左右臂。

如所认识的人都受伤，那么第三种方法合乎题意。

412. 骰子谜题

这个方法很简单，只须将结果，从中减去250，其差数的百位数，也就是第一粒骰子的点数，十位数也就是第二粒骰子的点数，个位数也就是第三粒骰子的点数，所以，得

$$386-250=136。$$

所以知三粒骰子的点数：1，3，6。想明白其中的道理，请算一下解式便知。

设：a 为第一骰的点数，

b 为第二骰的点数，

c 为第三骰的点数，

如题意得下式：

$[(2a+5)5+b]10+c$

$=(10a+25+b)10+c$

$=100a+10b+c+250，$

所以从结果中减去250，就能知这三个数。

413. 三角纸牌

下列两种排法，所示的（1）最小

每边的和是 17，（2）最大每边的和是 23，在中间的两张牌，交换位置，共有8种不同的列法，在每一个三角形中，而每边的和为 17 的，有 2 种不同的基本列法；和为 19 的有 4 种，和为 20 的有 6 种，和为 21 的有 4 种，和为 23 的有 2 种，共有 18 种，所以答数应当为 $18\times8=144$（种）。

（理由请参看丁字牌答案。）

```
     1              7
   9   6          4   2
 4     8        3       6
3 7 5 2        9 5 1 8
   （1）          （2）
```

414. 丁字牌

如果除1不计，其余的牌能分为点数相等的两组，这两组数有4种不同的组合形式。与此相似如果除3不计有3种，若5则有4种，若7则有3种，若9则有4种，合计有

$$4+3+4+3+4=18（种）$$

不同的形式，任取其一种，将奇数牌放在首位（也就是除去不计的牌），而纵列中其余4牌得24种不同的形

状，横排中另一组中 4 牌也是这样，合计的每种形式，得

$$24 \times 24 = 576 \text{（种）}$$

不同的丁字牌，前面所说有 18 种不同的分组，所以真实的答数应当为

$$576 \times 18 = 10\,368,$$

结果中有一半为重复者当除以 2，然而因横行能移至纵行，又须乘以 2，所以 10 368 仍是正确的答案。

415. 十字牌

总共有 18 种列法，下面所列的只说横行的形式，因余牌也就是纵行所有的。

56 174	24 378	23 768
35 168	14 578	24 758
34 178	23 578	34 956
25 178	24 568	24 957
25 368	34 567	14 967
15 378	14 768	23 967

应该注意的，就是居中的牌点数应为奇数，其横行点数之和为 23，25 及 27 的，每种有四个不同的方法，其和为 24 与 26 的，每种只有三种不同的方法，所以得 18。

416. 纸牌方阵

因十张点数的和为 55，若每边点数为 14，那么 4 × 14 = 56，但每角的牌点重复，是点数的 2 倍，即使一角是 1，2 倍就是 2，怎么能求到所要求的结果，所以每边 14 决不可能。现在试用每边点数为 18，总和 = 4 × 18 = 72，四角牌上点数之和为 72 - 55 = 17，这样只要选择四角的牌，让总和为 17，所以不难得到下面的结果。

如图在左、右边的中间的牌，能互换位置，但不能认为它是一新的不同的解法，必须用 8 换 5，并用 1 换 4 才行。

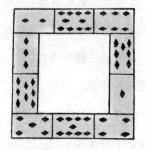

417. 巧组骰子

把它们集合成下图：

418. 和为 24

把没有刻点的各端集在一行，可成七次方阵如图所示：

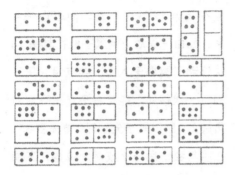

419. 骨牌方阵

取 18 张可排成两种方阵，如图所示：

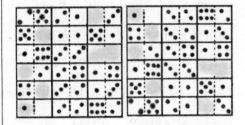

420. 巧排骨牌

有 10 种排列方法，下面是其中一种，(2 — 0)(0 — 0)；(0 — 1)(1 — 4)(4 — 0)。

其余 9 种排法，读者朋友可以自己试着求一下。

421. 和为 44

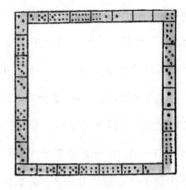

按照题中所说，每边点数的和一定是 44，而此牌点数的和为 168，现在每边须为 44，因此必须在四角总的加 8 点才能与 4×44 的积相等，但其解法很多。下面所列举的，虽不能轻易移动，但也能产生一种不同的列法，如在左边的从 2 — 2 到 3 — 2，反之，或 2 — 6 到 3 — 2，或 3 — 0 到 5 — 3，右边可从 4 — 3 到 1 — 4 反推之，这样的变换与解释是否真确无关。

422. 骨牌的级数

这个方法共有 23 种不同的式子，刚开始可用任意一张牌，但须除去 4 — 4 及点数为 5 或 6 的。如已确定所用的差数，且已选定起首的牌，则不能连其他的牌，因此 23 式中第一张应用哪张牌及其差是什么，确实是一个问题。

差数为1时，第一张宜用0－0，0－1，1－0，0－2，1－1，2－0，0－3，1－2，2－1，3－0，0－4，1－3，2－2，3－1，1－4，2－3，3－2，2－4，3－3，3－4二十张之一。其差为2时，那么第一张可用0－0，0－2或0－1。下面举一个例子，首张用0－1，差数为2可连用1－2，2－3，3－4，4－5，5－6，但0－5、0－6与1－6始终不能加入，如果用全副的牌而推广到9－9，不同的方法应当有40种。

423. 巧取石卵

这个游戏所用的石卵，总共有15颗，是奇数，甲想获胜，一定要先取2颗石卵，以后保持所取的石卵为奇数，余下未取的石卵数是1，8，或9；如果甲所取的保持偶数时，他取后，余下未取的石卵数，须为4，5或12，他才能稳操胜券。按此规则，直到比赛结束，甲没有不赢得道理。但石卵的数为13时，无论甲首先怎么取，乙只要遵守上述规则，甲必输。事实上凡是8的倍数再加5的数，如13，21，29等，甲先取一定输。

424. 请君入题

黑白两子，不管谁先移动棋子，都是从55起的，黑子胜。如黑子先动，能在其第12次的移动，而驱白子入角，如白子先动，则黑子能在其第14次移动时驱白子入角。要点是，黑子的每一次移动，能与白子在正方形对角线上，所以黑子先动时，首先到33，在阻其敌动后与之成对角位置，下面的两种方法，在前面的数为黑子所处的位置，后者为白子所在的位置，结果为黑子胜。

33－8，32－15，31－22，30－21，29－14，22－7，15－6，14－2，7－3，6-4，11－黑子即能擒白子在其第12次动的时候；－13，54-20，53-27，52-34，51-41，50-34，42－27，35-20，28－13，21－6，14－2，7－3，6－4，11－黑子就能在第14次动时擒到白子。

425. 雪茄趣题

这道题开始看，好像第二个人胜，但看图及说明，便可知第一个人必胜。

第一个人放第一支雪茄在图（1）中的中点，直立不倒（这个中点是桌中央两条对角线相交的点），四周的烟都在桌子的边上，因此无论第二个人将雪茄放在哪个位置，第一个人都能将烟放在以第一支雪茄为圆心与第二个人所放雪茄的距离为半径的圆周上，并与第一支及第二个人所放的在一条直线上，成中心对称，例如，第二个人将雪茄放在 A 处，第一个人则将雪茄放在 AA 处……，到没有烟接触为止，这样第二个人所选的位置，都可为第一个人效仿。也就是直立雪茄，也无济于事。到第一个人所放的雪茄，当然在正确的位置，才能稳操胜券，毋庸置疑，图（2）

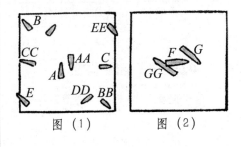

图（1） 图（2）

的作用在于说明第一支雪茄必须直立的理由，如图第一个人如果平放第一支雪茄在 F 时，第二个人能将雪茄放在相近而相互接触不到的点 G 的地方，第一个人怎样才能将烟放在点 G 相对的地方，保持其正确的位置，烟的两端不同，一尖一平，如果放在正确的 GG 位置，一定会与点 F 相接触，否则不在正确的位置，所以也就决定了败局，这就是为什么第一支烟非直立不可的原因。

426. 掷骰子

两个人所选的两个数字分别为 5 与 9，13 与 15，两个人得胜的机会才相等，用 3 个骰子所示得数字，总共有 216 种不同的方法，其中 3 骰子的和为 5 的有 6 次，和为 9 的有 25 次，和为 13 的有 21 次，和为 15 的有 10 次，所以两个人的机会相等。

理由：因取两骰子并使顺序颠倒错列，共有

$$6 \times 6 = 36（种）$$

不同的形式，现在用 3 骰子，每种形式变为 6 种，所以有

$$6 \times 6 \times 6 = 216（种）。$$

427. 火柴游戏

如果将火柴按如下的 13 种分法分为 3 堆，如果你的方法没有错误，就能稳操胜券。

15, 14, 1；15, 13, 2；

15, 12, 3；15, 11, 4；

15, 10, 5；15, 9, 6；

15, 8, 7；14, 13, 3；

14, 11, 5；14, 9, 7；

13, 11, 6；13, 10, 7；

12, 11, 7。

最好的解法是，每堆的火柴根数都为2的乘幂之和，但须避开重复的（注意：$2^0=1$）。

然后你依此规则，留火柴给你的对手（即每一堆所剩火柴数是2的乘幂之和），如你每次取的均为2的乘幂数，你必胜。现在举例如下：

$$12=2^3+2^2=8+4,$$
$$11=2^3+2^1+2^0=8+2+1,$$
$$7=2^2+2^1+2^0=4+2+1。$$

如果你的对手幂2从12中取去7，则得

$$5=2^2+2^0=4+1,$$
$$11=2^3+2^2+2^0=8+2+1,$$
$$7=2^2+2^1+2^0=4+2+1。$$

以上各种乘幂之和都不是偶数，但你可从11中取去9，随后你仍然可以按上2的乘幂法取火柴，直至获胜。

具体如下：

$$5=2^2+2^0=4+1,$$
$$2=2^1,$$
$$7=2^2+2^1+2^0=4+2+1。$$

按照这样方法取火柴，直到最后，那么就没有不胜的道理，且解法非常普通，无论多少火柴，或分作多少堆，都可采用这种方法。

428. 棋子谜题（1）

最少需要放8枚兵即可，方法有两种，如图所示。

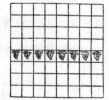

429. 棋子谜题（2）

最少需要放10枚兵，方法有两种，如图所示。

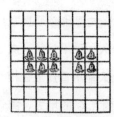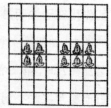

430. 棋子谜题（3）

由实验可知，这道题14名牧师不同的放法，有256种，因此得一公式，来求一般类似本题的问题，

设每边方格数为 n，所放最多牧师数为 $2n-2$，不同的放法为 2^n 种。

431. 棋子游戏

每张图下所注的数字，为棋子的总数。

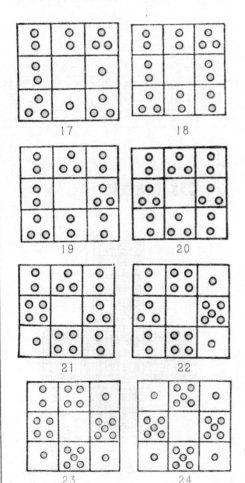

432. 巧排棋子

取走5个棋子，应如下图所示，也就是图中有白斑的地方。

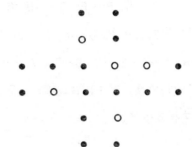

433. 巧组棋盘

分法如图所示：

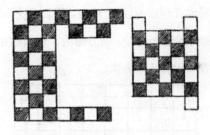

434. 棋子趣题

按照下列数字的顺序取棋子即可取尽。

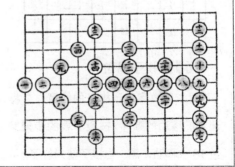

435. 黑白易位

交换的次序如下:

2－3, 9－4, 10－7, 3－8, 4－2, 7－5, 8－6, 5－10, 6－9, 2－5, 1－6, 6－4, 5－3, 10－8, 4－7, 3－2, 8－1, 7－10,

这样交换，既不违背规则，而黑、白子也易位了。

436. 棋子的行程

如图中所示虚线，也即是其移动的正轨，读者细观察，应该知道第10次移动在标以10的方格内，第21次移动终于到达标以21的方格内，且与题中条件没有不吻合的。

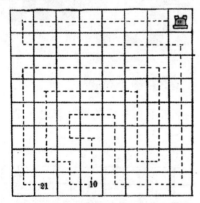

437. 棋子易位

图1用数字表示棋子的位置，并标记它们移动的顺序。按照下表的步聚经过18次移动，黑、白棋子就易位了。

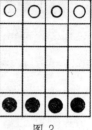

图 1　　　　　　图 2

	黑	白		黑	白
1	18 — 15	3 — 6	10	20 — 10	1 — 11
2	17 — 8	4 — 13	11	3 — 9	18 — 12
3	19 — 14	2 — 7	12	10 — 13	11 — 8
4	15 — 5	6 — 16	13	19 — 16	2 — 5
5	8 — 3	13 — 18	14	16 — 1	5 — 20
6	14 — 9	7 — 12	15	9 — 6	12 — 15
7	5 — 10	16 — 11	16	13 — 7	8 — 14
8	9 — 19	12 — 2	17	6 — 3	15 — 18
9	10 — 4	11 — 17	18	7 — 2	14 — 19

图 3

438. 立方棋盘

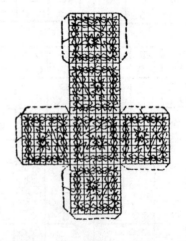

如图为立方体展开图，如果想实验，

可制作较大的图，然后按照这个方法实验，读者可以闭上眼睛想一下，假如这个图是一个完全立方体，可以放一个棋子在384任何一个方格中，放过一遍之后，还原到原处，其由此入彼的方法很容易得知，唯有在每面中找一个点，以备其出入，能按照题中条件布置，很不容易。

439. 分割棋盘

如图的分法，它的4个部分都是全等形，各棋子也可在自己的区域内活动，而不侵入另一部分，这是唯一的方法。

440. 句子巧成象棋盘

441. 巧分棋盘

分后所得最多的块数为18，但分法有两种：

（一）错杂法　　（二）对称法

442. 一子独存

移动次序如下：

3→11，9→10，1→2，7→15，8→16，8→7，5→13，1→4，8→5，6→14，　3→8，6→3，6→12，1→6，1→9。

443. 二子不移

移动方法如下：

7→15，8→16，8→7，2→10，1→9；

1→2，5→13，3→4，6→3，11→1；

14→8，6→12，5→6，5→11，31→23；

32→24，32→31，26→18，25→17；

$25 \rightarrow 26$，$22 \rightarrow 32$，$14 \rightarrow 22$，

$29 \rightarrow 21$；

$14 \rightarrow 29$，$27 \rightarrow 28$，$30 \rightarrow 27$，

$25 \rightarrow 14$；

$30 \rightarrow 20$，$25 \rightarrow 30$，$25 \rightarrow 5$。

444. 矩形的计算

以棋盘为一正方形，那么其中含有 1 296 个不同的矩形，其中也有正方形 204，所以矩形实为 1 092。通常棋盘含有 n^2 个四方形的，包括正方形在内的所有矩形个数公式为：$\dfrac{(n^2+n)^2}{4}$，其中正方形的个数表达公式为

$$\dfrac{2n^3+3n^2+n}{6}。$$

除正方形以外的矩形个数公式为

$$\dfrac{3n^4+2n^3-3n^2-2n}{12}。$$

445. 方丈的窗框

途中方格用黑色涂满的，就是闭塞的窗眼。

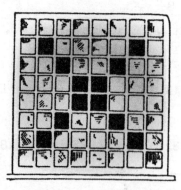

446. 奇数方格

这道题的分法共有 15 种，为了节省篇幅所以不一一列举，现今只作一个简单的图形，上面标明数字，如按照以下各数字的次序切，即得各种图形。

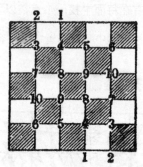

1，4，8。

1，4，3，7，8。

1，4，3，7，10，9。

1，4，3，7，10，6，5，9，

1，4，5，9。

1，4，5，6，10，9。

1，4，5，6，10，7，8。

2，3，4，8。

2，3，4，5，9。

2，3，4，5，6，10，9，

2，3，4，5，6，10，7，8。

2，3，7，8。

2，3，7，10，9。

2，3，7，10，6，5，9。

2，3，7，10，6，5，4，8。

447. 喇嘛趣题

分法如图所示

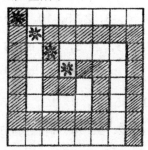

448. 巧分狮画

按照图中的粗线切，就是如题意得所求的图形。

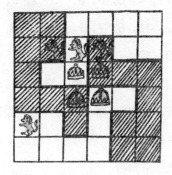

449. 巧切方格

这道题的分法有 254 种之多，现列一表，记下有多少种分法，并列绘数如下：

	切口由 1 点的	切口由 2 点的	切口由 3 点的
切线按照（1）中横粗线	8 种	17 种	21 种
切线按照（1）中竖粗线	0 种	17 种	21 种
切线按照（2）中横粗线	15 种	31 种	39 种
切线按照（2）中竖粗线	17 种	29 种	39 种

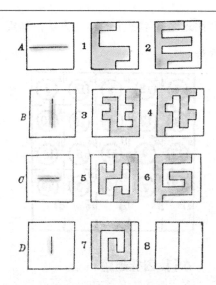

450. 狗舍趣题

如图所示 1，5，10，15，20 都没有移动，只需 46 步即可。移动步聚分别是：16→21，16→22，16→23，17→16，12→17，12→22，12→21，7→12，7→17，7→22，11→12，11→17，2→7，2→12，6→11，8→7，8→6，13→8，18→13，11→18，2→17，18→12，18→7，18→2，13→7，3→8，3→13，4→3，4→8，9→4，9→3，14→9，14→4，19→14，19→9，3→14，3→19，6→12，6→13，6→14，17→11，12→16，2→12，7→17，11→13，16→18，共 46 步。虽不敢说这是最少的移动步数，但是要找

到比这个数字更少的移动方法，确实很难。

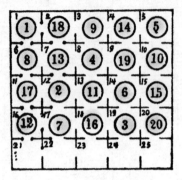

451. 囚徒趣题

共有80种不同的布置，可以符合棋子的路径，但只有40种可以没有两个人同在一个房间，又只有两种完全不动的人数为最多，也就是如7与13，8与13，5与7，或5与13都可以不动，下面四图就是7与13不移动的。

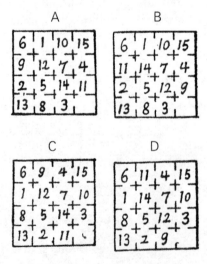

如C图移动的方法如下：12，11，

15，12，11，8，4，3，2，6，5，1，6，5，10，15，8，4，3，2，5，10，15，8，4，3，2，5，10，15，8，4，12，11，3，2，5，10，l5，6，1，8，4，9，8，1，6，4，9，12，2，5，10，15，4，9，12，2，5，3，11，14，2，5，14，11，共66次。

如果西南角可以为空间，其解法只须45次，如下：15，11，10，9，13，14，11，10，7，8，4，3，8，6，9，7，12，4，6，9，5，13，7，5，13，1，2，13，5，7，1，2，13，8，3，6，9，12，7，11，14，1，11，14，1，共45次，但每个人都须要移动，这道题的解释，本来没有一定的规则，只有赖读者的判断力忍耐性以及敏捷的动作来解答。

452. 择婿趣题

读者大都失误在"黑子必须仍在固有的位置"这句话上，所以100人中有99人都以为黑子坚决不能移动丝毫，若如此就错了，其最简单的方法，（不移黑子）为32次，但此题只须30次就能完成，巧妙之处在于移动6或15于第二次，而恢复其原位在第十九次，解如：2，6，13，4，1，21，4，1，10，2，21，10，2，5，22，16，1，13，6，19，11，2，5，22，16，5，13，4，10，21，共计 30 次。

453. 四个袋鼠

这道题的答案如图所示，每一袋鼠从走出到回归原处，也就是不侵入其他袋鼠已到的方格，也不过水平中线，可以说没有违背题意，然而若还有更进一层的要求，用其垂直的中线，区分这个图为相等的四个正方形，每个袋鼠各得其一，相互不侵犯，这样是完全不可能的。

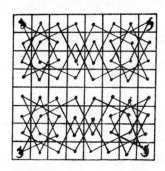

454. 割 麦

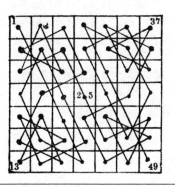

如图所示的途径，也是与原题条件没有不符合的，而这条途径尤其奇怪的，是平行线很多。

455. 圣·乔治捉龙

如图所示的途径，与原题条件没有不符合的，且开始于圣·乔治的驻所，终止于龙的驻所，所经过的途径，都是直线就像长链一样。

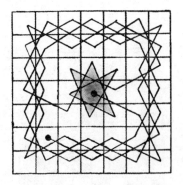

456. 后的旅行

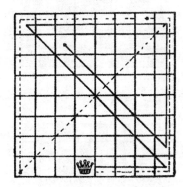

按照图中的虚线所示，是错误的答案；实线所示，是正确的答案。

设从每方格的中心至其另一方格的

中心（横或斜）为 2 寸，实线路长 67.9 寸多，虚线长 67.8 寸少，这个差别虽小，足以证明，到其他各线，更小于虚线。

457. 猎 狮

猎人可放在 81 场所中任一场所内，而每次所剩下的 80 处场所，都能安放雄狮，所以这道题似乎有 81×80 种不同的放置法，但其中不合条件的有 816 种，故实际上只有 81×80−816=6

$$480−816=5\ 664（种）$$

不同的放置法。

458. 兵卒谜题

459. 移置王冠

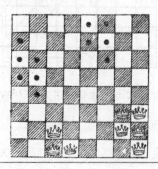

解法如上图所示，方格内有一黑圆点的为不符合条件的方格。

460. 帽架趣题

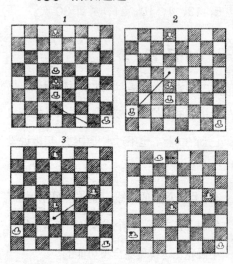

461. 十字星

如图所示安放其余各颗恒星就能合乎本题中的条件。

462. 重铺新月

如图所示的 5 个有新月图案的排列，能合乎本题中的条件，而所放最大的地毯，正好占石道面积的一半。

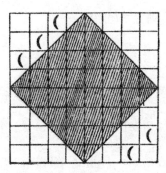

463. 王冠与帽花

如图所示安放就合乎本题中所述的
条件。

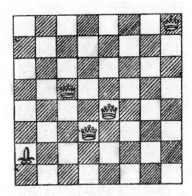

464. 狗舍谜题

共有 20 种不同的置法．

（1）4，28，36，44，52；

（2）60，36，28，20，12；

（3）26，27，28，29，32；

（4）25，28，29，30，31；

（5）5，29，37，45，53；

（6）13，21，29，37，61；

（7）34，35，36，37 40；

（8）33，36，37，38，39；

（9）15，29，36，43，57；

（10）8，22，29，36，50；

（11）10，28，37，46，64；

（12）1，19，28，37，55；

（13）15，22，29，43，57；

（14）8，22，36，43，50；

（15）1，19，37，46，55；

（16）10，19，28，46，64；

（17）16，30，37，44，58；

（18）7，2l，28，35，49；

（19）9，27，36，45，63；

（20）2，20，29，38，56。

465. 羊圈趣题

合于这道题条件的置法，共有数百
种之多，在除去类似的置法后，仅剩
47 种，现列表如下：

（1）A，B，C	（17）A，G，K	（33）B，E，H
（2）A，B，E	（18）A，G，N	（34）B，E，K
（3）A，B，G	（19）A，G，O	（35）B，E，L
（4）A，B，K	（20）A，G，P	（36）B，F，G
（5）A，B，L	（21）A，C，I	（37）B，F，J
（6）A，B，N	（22）A，C，J	（38）B，F，N
（7）A，B，P	（23）A，C，K	（39）B，F，O

（续表）

(8) A, D, M	(24) A, C, O	(40) B, G, K
(9) A, D, N	(25) A, H, K	(41) B, G, L
(10) A, D, J	(26) A, H, L	(42) B, G, N
(11) A, F, J	(27) A, H, N	(43) B, H, J
(12) A, F, K	(28) A, H, O	(44) B, H, N
(13) A, F, L	(29) A, O, K	(45) B, J, K
(14) A, F, P	(30) A, O, L	(46) B, J, L
(15) A, G, H	(31) B, C, N	(47) F, G, J
(16) A, G, J	(32) B, E, F	

466. 四十九枚硬币

49枚硬币排列如图所示：

A1 B2 C3 D4 E5 F6 G7
F4 G5 A6 B7 C1 D2 E3
D7 E1 F2 G3 A4 B5 C6
B3 C4 D5 E6 F7 G1 A2
G6 A7 B1 C2 D3 E4 F5
E2 F3 G4 A5 B6 C7 D1
O5 D6 E7 F1 G2 A3 B4

467. 粘贴邮票

粘贴如表所示：

4	3	5	2
5	2	1	4
1	4	3	5
3	5	2	1

468. 彩色货币

排列方式如图所示：

红1	蓝2	黄3	橙4	绿5
黄4	橙5	绿1	红2	蓝3
绿2	红3	蓝4	黄5	橙1
蓝5	黄1	橙2	绿3	红4
橙3	绿4	红5	蓝1	黄2

469. 四物趣题

排法如图所示：

470. 三十六字块

排列方式如图所示：

A	B	C	D	E	F
D	E	A	F	B	C
F	C			D	A
B	D			C	E
C	A	E	B	F	D
E	F	D	C	A	B

471. 奇哉 V，E，I，L

下图就是最多的排列法，共有20组字母（每组四字），能成题中所述的五字，如图所示：

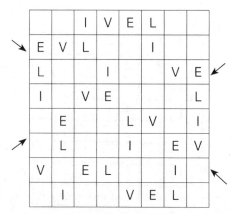

	I	V	E	L		
E	V	L		I		
L		I			V	E
I		V	E			L
	E		L	V		I
	L		I		E	V
V		E	L			I
	I		V	E	L	

（1）纵行上有六组。

（2）横行上有六组。

（3）四个箭头所示的对角线上有八组。

472. 八色趣题

排列方法如表所示：

堇	黄	红	绿	橙	白	紫	蓝
红	橙	蓝	黄	紫	堇	绿	白
蓝	白		橙	绿		红	堇
紫	绿	堇	白	红	蓝	橙	黄
白	蓝	橙	紫	黄	绿	堇	红
绿	红	黄	堇	蓝	紫	白	橙
黄	堇	绿	红	白	橙	蓝	紫
橙	紫	白	蓝	堇	红	黄	绿

473. 八星章

安置的方法只有一种，如图所示：

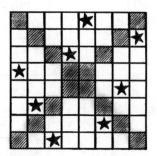

474. 八枚王

合乎这道题中所述的条件的置法如图所示。

475. 四头雄狮

这道题的置法共有24种，除相同的置法外，只有7种不同的方法，但有1种已在题中明示，所以这里只有6种，如图所示：

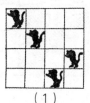 

（1）　　　　　（2）

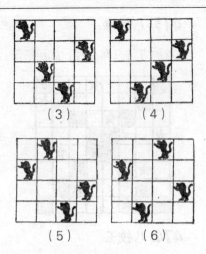

（3）　　　　　（4）

（5）　　　　　（6）

476.静棋趣题

因第一枚后可放在第一排八格中的任意一格，第二枚后可放在第二排七格中的任意一格，第三枚后可放在第三排六格中的任意一格，其余依此类推，所以得到的不同的置法：

$8×7×6×5×4×3×2×1=40\ 320$（种）

也就是不同的置法共有 40 320 种。

477.车的路径

这道题有 2 种移动方法，都须移动 16 次，才能走遍每个方格，移动路线如下图所示：

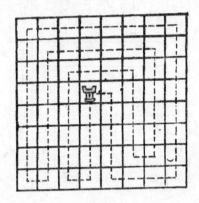

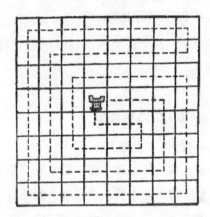

第十五章 排列趣题

478. 巧除海盗

当时排列的形状如图所示：

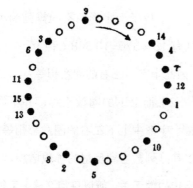

图中○表示船员，

图中●表示海盗。

1，2，3，……等数字表投海的

顺序。

479. 立嗣谜题

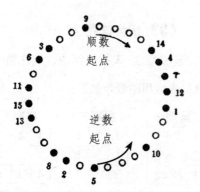

排列如图所示：

○表示前妻生的儿子，

●表示现在妻子生的儿子，

1，2，3，……表示先后离开圆环

孩子的顺序。

480. 师生远游

设以 a_1，a_2，a_3，b_1，b_2，b_3，…各

代表一人，那么排列方法应如表所示：

日	月	火	水	木	金	土
$a_1a_2a_3$	$a_1b_1c_1$	$a_1d_1e_1$	$a_1b_2d_3$	$a_1c_2e_2$	$a_1b_3c_3$	$a_1c_3d_3$
$b_1b_2b_3$	$a_2b_2c_2$	$a_2b_2e_2$	$a_2b_3d_2$	$a_2c_3e_3$	$a_2b_1e_1$	$a_2c_1d_1$
$c_1c_2c_3$	$a_3d_3e_3$	$a_3b_3c_3$	$a_3c_1e_1$	$a_3e_1d_3$	$a_3c_2d_3$	$a_3b_2e_2$
$d_1d_2d_3$	$b_1d_1e_3$	$d_3b_1c_2$	$b_1c_3e_2$	$c_1b_3d_2$	$b_2e_3d_1$	$c_2b_3e_1$
$e_1e_2e_3$	$c_3d_2e_1$	$e_3b_2c_1$	$d_1c_2e_3$	$e_1b_2d_1$	$e_2c_1d_2$	$d_2b_1e_3$

481. 油桶排列

此间每行有 5 个油桶，共两行也

就是 1，2，3，4，5，6，7，8，9，

10。其不同的组合方法，是从 10 个

油桶中每次取 5 个油桶，其结果为 252，用 6 除之，得 42，这个 42 就是这道题的准确答案，至于一般的解法如下：

即 $\dfrac{C_{2n}^{n}}{(n+1)}$ 式中 $2n$ 表桶数，n 表示每次所取的数。

482. 十字计算

现在先将希腊十字形圈中字数的各种形式排列如下：

12 978	13 968	14 958
34 956	24 957	23 967
23 958	13 769	14 759
14 967	24 758	23 768
12 589	23 759	13 579
34 567	14 768	24 568
14 569	23 569	14 379
23 578	14 578	25 368
15 369	24 369	23 189
24 378	15 378	45 167
24 179	25 169	34 169
35 168	34 178	25 178

此间纵行有 24 种不同的方法，即 $1 \times 2 \times 3 \times 4 = 24$，那么横行亦有不同的方法 24。上表所列排列之形式，共有 18 种，不同的方法有

$24 \times 24 \times 18 = 576 \times 18 = 10\,368$（种）。

但其中有一半是反转的数，又有一半是反照的数，所以一定用 4 除，才能得到准确的数字，

$10\,368 \div 4 = 2\,592$（种）不同的方法。

再将拉丁十字形各圈中变化的方法，说明如下：

（1）拉丁十字形的不同排列的种数共有 $18 \times 576 = 10\,368$（种）。

因此十字中左右的圈数相等；

（2）而上下的圈数不等，并不像希腊十字形中上下左右的圈数都相等，所以其排列数当随反射的种数增加，但与反转的数无关，所以只用 2 除。又纵行顶上的圈，与横行的圈，可互相交。若在希腊十字形中，则没有这种情况。因左右上下均相等的原因，其结果须乘 2，且须除以 2 两者相消，那么其数为 10 368 种不同的方法。

483. 宿舍谜题

至少须 32 人才能组成，现在将每日的人数用图表示如下：

星期一

1	2	1
2		2
1	22	1

星期二

1	3	1
1		1
3	19	3

星期三

1	4	1
1		1
4	16	4

星期四			星期五			星期六		
1	5	1	2	6	2	4	4	4
2		2	1		1	4		4
4	13	4	7	6	7	4	4	4

484. 四张邮票

这道题的剪法共有 65 种。

1，2，3，4 有 3 种，

1，2，5，6 有 6 种，

{1，2，3，5　　1，2，3，7

1，5，6，7　　3，5，6，7}，

共有 28 种。

{1，2，3，6　　　2，5，6，7}，

共有 14 种。

{1，2，6，7　　2，3，5，6

1，5，6，10　　2，5，6，9}，

共有 14 种。加在一起，

28+14+14+6+3=65（种）。

注：1，2，3，4 有 3 种，即与 1，2，3，4 的撕法类似的意思，如 5，6，7，8 及 9，10，11，12。

485. 打 靶

这道题共有 21 种不同的击中形式，关于 A 者（指四个）有 4 种，关于 B 者（指四个）有 4 种，关于 C 者（指 4 个）有 4 种，关于 D 者有 2 种，关于顶上圈中单独的 A 有 2 种，关于顶上圈中单独的 E 有 2 种，关于下方圈中单独的 C 有 2 种，关于 EB 的有 1 种。

所以相加为

4+4+4+2+2+2+2+1 =21（种）。

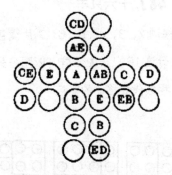

486. 九名学童

第一天	第二天	第三天
ABC	BFH	FAG
DEF	EIA	IDB
GHI	CGD	HCE

第四天	第五天	第六天
ADH	GBI	DCA
BEG	CFD	EHB
FIC	HAE	IGF

每个学童必有一次与其他各儿童并肩而行。

这道题有一般的公式为 $12n+9$，学童三人一组，能在 $9n+6$ 日中，得种种不同的配合，n 或为 0 或为整数，（两人并肩

不能有一次以上，)若有学童 m 人，那么每名学童与其另一名学童成一对配合，共 $m-1$ 次，其中有 $\frac{m-1}{4}$ 次在中间，有 $\frac{m-1}{2}$ 在两边。

487. 十六只羊

移动 2，3，4，5，6，7 片篱笆，都可分这 16 只羊为三群，以图分列如下（粗线代表移动的篱笆）。

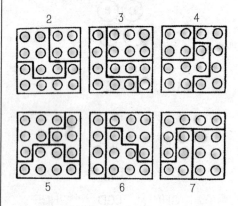

488. 捕 鼠

如果先将 6 与 13 的纸片互调，然后从 14 数起，则可捕尽这 21 只鼠，其顺序如下：6，8，13，2，10，1，11，4，14，3，5，7，21，12，.15，20，9，16，18，17，19，或使 10 与 14 互调，从 16 起数，还可使 6 与 8 互调，从 19 起数。

489. 诸人围坐

现在列举种种例子以证此式：

（1）若为 3 人，则不同的坐法有 1 种。

（2）若为 4 人，则不同的坐法有 3 种。

1，2，3，4；

1，3，4，2；

1，4，2，3。

每行代表各个坐位的次序。

（3）若为 5 人，则不同的坐法有 6 种。

1，2，3，4，5；

1，2，4，5，3；

1，2，5，3，4；

1，3，2，5，4；

1，4，2，3，5；

1，5，2，4，3。

（4）若为 6 人，则不同的坐法有 10 种，

1，2，3，6，4，5；

1，3，4，2，5，6；

1，4，5，3，6，2；

1，5，6，4，2，3；

1，6，2，5，3，4；

1，2，4，5，6，3；

1，3，5，6，2，4；

1，4，6，2，3，5；

1，5，2，3，4，6；

1，6，3，4，5，2。

（5）若为7人，则不同的坐法有15种。

这个解法很麻烦，不胜枚举，仅举几例如下：

1，2，3，4，5，7，6；

1，6，2，7，5，3，4；

1，3，5，2，6，7，4；

1，5，7，4，3，6，2；

1，5，2，7，3，4，6。

此解中1为循环数2，3，4，2及5，6，7，5为两个轮转的数，以上五组，一组翻转三次。所以得到十五种不同的坐法。

（6）若为8人，则不同的坐法有21种。

1，8，6，3，4，5，2，7；

1，8，4，5，7，2，3，6；

1，8，2，7，3，6，4，5。

1为循环数2，3，4，5，6，7，8为轮转的数。以上三组，每组翻转7次，所以得到21种不同的坐法

（7）若为9人，则不同的坐法有28种。

2，1，9，7，4，5，6，3，8；

2，9，5，1，6，8，3，4，7；

2，9，3，1，8，4，7，5，6；

2，9，1，5，6，4，7，8，3。

1与2都是循环数，3，4，5，6，

7，8，9为轮转数，以上四组，每组翻转7次，所以得到28种不同的方法。

490. 玻璃球

因共有16球，也就有16处可击，各串顺次名为A，B，C，D（次序无关）。击A串球，其不同的方法，也就是从16球中任取4球，（即C_{16}^4的组合数）取相连的四数为

$$\frac{13 \times 14 \times 15 \times 16}{1 \times 2 \times 3 \times 4} = 1\,820（种）$$

不同的方法。

B可占

$$\frac{12 \times 11 \times 10 \times 9}{1 \times 2 \times 3 \times 4} = 495（种）$$

不同的方法。

C可占

$$\frac{5 \times 6 \times 7 \times 8}{1 \times 2 \times 3 \times 4} = 70 \text{ 种}$$

不同方法。

∴ A，B，以及C连合变化其数共有 $1\,820 \times 495 \times 70 = 63\,063\,000$

不同之处，但D不能从何数中任取四数，只有取其所余的一法，准确的答数就是这16球共有 $63\,063\,000$ 不同的方法。

491. 三人乘舟

若读者想知若干不同方法的数字，其数为 455^7（针对保持两人不能有两次同在一船的条件而言，）那么可得组成不同方法的数为 15 567 552 000，为什么这样，作者可以举例以说明。今以 A，B，C，D，E，F，G，H，I，J，K，L，M，N，O 15 个字母代表 15 名工人的名字，若 A 有一次与 B 同船，以及有一次与 C 同船，那么以后 A 不能再次与 B 或 C 同船，以及 B 不能再次与 C 同船，彼时 A 必与其他工人组合而成为 3 人一组的小团体，但此题中说所用的船只越少越好，于此可得唯一的解法，即至少也要 10 只船才行，示例于下：

第一日 (AB_1C) (DE_2F) (GH_3I) (JK_4L) (MN_5O)

第二日 (AD_8G) (BK_6N) (CO_7L) (JE_9I) $(MH_{10}F)$

第三日 (AJ_3M) (BE_5H) (CF_4I) (DK_1O) (GN_2L)

第四日 (AE_7K) (CG_6M) (BO_8I) (DH_9L) (JN_1F)

第五日 (AH_4N) (CD_5J) (BF_3L) $(GE_{10}O)$ (MK_2I)

第六日 (AF_6O) (BG_7J) (CK_8H) $(DN_{10}I)$ (ME_1L)

第七日 (AI_5L) (BD_4M) (CE_3N) (GK_9F) (JH_2O)

注：1，2，3，…，10 表示船的号码。

492. 乐师献技

我们以 1 代宗，2 代华，3 代陆，4 代陈。

其各日的安排如下：

1234	3124	2314
2143	1342	3241
2413	1432	3421
4231	4123	4312
4321	4213	4132
3412	2431	1423
3142	2341	1243
1324	3214	2134

须 24 日后，才能按要求奏演完毕。

493. 网球比赛

用 A、B、D、E 代表男人，用 a、b、d、e 代表女人，其组成方法如下：

	第一球场	第二球场
第一日	Ad 对 Be	Da 对 Eb
第二日	Ae 对 Db	Ea 对 Bd
第三日	*Ab* 对 *Ed*	*Ba* 对 *De*

如果读者认为这个太过简易，则可以8组男女比赛4球场，其他条件与上同，而求其组成方法，又能从其中找到其他乐趣。

494. 纸片游戏

组成方法如表所示：

AB—IL	EJ—GK	FH—CD
AC—JB	FK—HL	GI—DE
AD—KC	GL—IB	HJ—EF
AE—LD	HB—JC	IK—FG
AF—BE	IC—KD	JL—GH
AG—CF	JD—LE	KB—HI
AH—DG	KE—BF	LC—IJ
AI—EH	LF—CG	BD—JK
AJ—FI	BG—DH	CE—KL
AK—GJ	CH—EI	DF—LB
AL—HK	DI—FJ	EG—BC

495. 饮酒图

这12人每夜的组合如下，每一横行代表每夜的次序：

AB, CD, EF, GH, IJ, KL,

AE, DL, GK, FI, CB, HJ,

AG, LJ, FH, KC, DE, IB,

AF, JB, KI, HD, LG, CE,

AK, BE, HC, IL, JF, DG,

AH, EG, ID, CJ, BK, LF,

AI, GF, CL, DB, EH, JK,

AC, FK, DJ, LE, GI, BH,

AD, KH, LB, JG, FC, EI,

AL, HI, JE, BF, KD, GC,

AJ, IC, BG, EK, HL, FD,

496. 驱羊之戏

想要使每栏中的数目相等并非四栏皆空，（因为空仍等于空，）读者可在题中附图中见张农驱羊的方法，他先驱1只羊到某栏中，但这只羊是另外加入者，并非15羊之一，然后驱12羊到其他3栏中，每栏得4头，最后将所剩下的3头，驱入已放1羊的栏中，则此栏中也有4头，可以合这道题的题意。

497. 巧涂骰子

因1可涂在任何六面中的一面，所以1的位置有6种，1既然已经确定，那么2的位置只有4种，同理，3的位置有2种，6，5，4不须计算，因为已经被3，2，1所限制，所以其答数即6，4，2，三数之积，即

6×4×2=48（种）不同的方法。

498. 四面体的染色

现在取任何四种颜色如赤、蓝、绿、

黄，涂在四面体上，其涂法只有 2 种，如图（1）与图（2），如果取任何三种颜色涂，那么其涂法有三种，如图（3），图（4）及图（5），如果取任何两种颜色涂，那么亦有三种方法，如图（6），图（7），以及（图 8）。

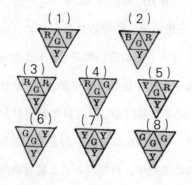

（1）　　（2）
（3）　（4）　（5）
（6）　（7）　（8）

如果取任何一种单纯的颜色，那么涂法只有一种，但从 7 种颜色中每次取 4 种，那么其变化是 35 种；每次取 3 种那么其变化有得 35 种，每次取两种，其变化有 21 种；每次取一种，变化有 7 种。

∴ 35×2=70；

35×3=105；

21×3=63；

7×1=7。

∴ 70+105+63+7=245（种）

所以共有 245 种不同的方法。

499. 离合诗游戏

英文字母有 26 个，可以两两组合组成 325 种不同的组，每组又可以反转，那么可得

2×325=650（种）

不同的组，也就是 650 种不同的方法。但每次的首字可反复与末字同，所以又可得其他 26 种方法，

所以这道题的答数为：

650+26=676（组）。

总而言之，答数一定是所用的字数的平方，这道题的答数是 26²。

第十六章　迷宫趣题

略

501. 星期趣谈

因为每年有365日，除以7，得52，余1。也就是每年有52周，还余一日，所以1922年共余1922日，又因为2月1日为本年的第32日，所以$y+D$为共有的日数，而阳历每隔4年有一闰年，必多一日，所以用4除$y-1$得所有闰年的总数，也就是自纪元以来所多的日数，但年数能以100除的，当闰不闰，所以又减其日数又能以400除的，不当闰而又闰。又以$\frac{y-1}{400}$数相加，得总共的日数，此日即自纪元以来，除每年有52周外，所多的日数，以7除，其余数就是一个星期的第几天。

502. 安息日趣题

假设有一个耶稣教徒和一个土耳其人，同时从犹太人的某旅舍出发，环绕地球而行，耶稣教徒一直向东走，土耳其人一直向西行，其后耶稣教徒环绕一周，比真正日数少一日，土耳其人环绕一周，比真正日数多一日，两人又在同一天在犹太人的旅社相遇，那么这三人的安息日出现在同一地同一天了。原因很简单，因为两人在旅途中以日出与日出之间为一日的原故。

503. 历书中的谜题

任何世纪的第一日一定不能与星期日、星期三或星期五相遇。

504. 代数谬谈（1）

这道题正确的解答，如下：

移项，得

$15x-6x=30-12$，

即 $9x-18=0$。

解方程，得 $x=2$。

因为 $x=2$，故 $x-2=0$，0 不可以作除数，以 0 除之，所以得不合理的结果。

505. 代数谬谈（2）

这道题的误点与 505 题同，以 $a-b$ 除其两边，而 $a=b$，也就是不能用 0 除，所以想要结果合理，根本不可能。

506. 代数谬谈（3）

这道误点仍与 505 题同。

$\because a=b+c$，

$\therefore a-b-c=0$。

以 $a-b-c$ 除两边，仍是以 0 除。

507. 代数谬谈（4）

这道题正确的解答，如下：

$[5(7-x)(15-x)+(9x-55)(15-x)-$

$(4x-20)(7-x)]/[(7-x)(15-x)]=0$，

即 $525-110x+5x^2+135x-825-$

$9x^2+55x-28x+140+4x^2=0$。

简化，得 $32x+160=0$。

解方程，得 $x=5$，

$\because x=5$，$\therefore 4x-20=0$。

所以本方程无解。

508. 代数谬谈（5）

$\because 2<\dfrac{5}{2}$，

$\therefore 2-\dfrac{5}{2}$ 与 $3-\dfrac{5}{2}$ 互为相反数。故它们的平方相等，

即 $\left(2-\dfrac{5}{2}\right)^2=\left(3-\dfrac{5}{2}\right)^2$

但从上式中不能推出 $2-\dfrac{5}{2}=3-\dfrac{5}{2}$

两数的的平方相等，它们可能相等也可能为为相反数。上述情况恰恰是互为相反数。

509. 几何谬谈

这道题的错误，因 AC 不能成一直线。

$$\therefore \frac{AB}{BC} = \frac{AF}{EF},$$

即 $\frac{8}{3} = \frac{5}{x}$，

解方程，得 $x = \frac{15}{8} \neq \frac{16}{8}$。

510. 直角等于钝角

这道题之错误，在 GA 直线不在形内，不与 BC 相交，所以 $<GBA=<GCD$，虽没有错，而 $<GBC$ 不在 $<GBA$ 之内，不能减去，所以 $<GCD$ 也是钝角。

511. 凡三角形都有两角相等

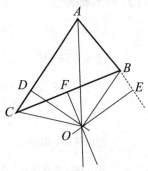

这道题错误在于画图不准确，因为角平分线与中垂线虽一定相交，但其交点不在形内而在形外。

$$\therefore AD=AE，DC=BE，虽没有错，$$

而 $AD+DC=AE+EB$，不能成立。

512. 143－1=144

仔细观察图2，知 $VRXS$ 并不是正方形，$\therefore VS=12$ 而 $SX<12$，$TX=11$，而 $ST<1$。

由比例 $ST：VP=SU：VU$。

即 $ST：11=1：13$，$\therefore ST=\frac{11}{13}$，

矩形 $VRXS=12 \times (11+\frac{11}{13})=142\frac{2}{13}$，

$S_{\triangle PQR}=S_{\triangle TSU}=\frac{1}{2} \times \frac{11}{13} \times 1=\frac{11}{26}$。

在图2中

$S_{\square}+S_{\triangle PQR}+S_{\triangle TSU}=142\frac{2}{13}+\frac{11}{13}=143$，

仍与原图相等。

513. 连续三数相等（1）

这道题的错误与512题同，读者可以试着自己求。

514. 连续三数相等（2）

63，64，65是连续的三个自然数，它们绝对不相等，这点大家都知道，现在说它们相等，不是错误是什么，但究竟错在什么地方？这四块硬纸片，既然没有变动，那么面积自然应该相等，其差一定等于零，所以

$$S_{\text{C}} － S_{\text{B}}=x^2-xy-y^2=0，$$

$$S_B - S_A = x^2 - xy - y^2 = 0,$$

$$\therefore \frac{x}{y} = \frac{1+\sqrt{5}}{2},$$

从这点来看，x 与 y 不能为有理数，今命其为 5，3，其结果也错了。再设 A 与 B，B 与 C 的差为 1，而 x 与 y 都为有理数，x 与 y 的值应为什么，由上理，任何两式之差为 $x^2 - xy - y^2$，可得方程

$$x^2 - xy - y^2 = \pm 1 \quad（1）$$

应用整数理论，知 x 与 y 为级数 1，2，3，5，8，13，21，34，55，……中任何相邻两数，都能满足（1）式，所以取 $x=5$，$y=3$，那么，其结果为 $S_A < S_B < S_C$，若取 $x=8$，$y=5$，那么 $S_A > S_B > S_C$。

也就是 $S_A = 170$，$S_B = 169$，$S_C = 168$。

515. 大小两圆的圆周

这道题的关键是大圆转动 1 周时，小圆不止转动 1 周。我们假设大圆的半径为 2，小圆的半径为 1，大圆转动一周，即点 A 到点 B，此时点 C 虽也到达点 D，但此时小圆转了 2 周。读者可用硬纸片剪成上述要求两圆，用铁丝将两圆心串在一起，在桌上滚动，仔细观察，就会发现大圆滚

动一周，小圆滚动了 2 周。

516. 凡三角形都是正三角形

这道题的错误如下：

$\because AC = AE$，

$AB = AD$，

$\therefore CE \parallel BD$。

$\therefore \angle CBD = \angle BCE$ 的补角。

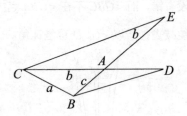

$\therefore \sin\left(B + \frac{1}{2}A\right) = \sin\left(C + \frac{1}{2}A\right)$。

说的是两角的正弦值相等，而非 $\angle B$，$\angle C$ 相等。

517. 俄人拙算

$2^0 \times 93 = 93$	74
$2^1 \times 93 = 186$	37
$2^2 \times 93 = 372$	18
$2^3 \times 93 = 744$	9
$2^4 \times 93 = 1\ 488$	4
$2^5 \times 93 = 2\ 976$	2
$2^6 \times 93 = 5\ 952$	1
$93 \times 74 = 6\ 882$	

这个方法是由二进制推导出的，因凡数都可以二进位，74 若以 2 为根，则为 1 001 010，即 $74=2^6+2^3+2^1$，用 74 乘 93，就是以 $(2^6+2^3+2^1)$ 乘 93，第一行的数，接着用 2 乘，也就是以 2^0，2^1，2^2，……相乘。但 $(2^6+2^3+2^1)\times93$，其中无 $2^5\times93$，$2^4\times93$，$2^2\times93$，$2^0\times93$，所以这四个数应当舍去，而其余三数为 $2^1\times93=186$，$2^3\times93=744$，$2^6\times93=5\,952$ 也就是 $(2^6+2^3+2^1)\times93$，所以相加，得所求的数为 6 882。

518. 确定质数法

若 $n!+1$ 能被 $n+1$ 整除，则 $n+1$ 为质数，例如想求 7 是否为质数，可令 $n+1=7$，可求出 $n=6$，$6!+1=720+1$，$=721$，721 能被 7 整除，所以 7 为质数。

519. 完全数

大于 8 128 的，33 550 336 开始为完全数，过此则 8 589 869 056 及 137 438 691 328 为完全数，而 2 305 843 008 139 952 为现今已知的完全数中的最大的。

520. 最大的数

法国人 C.A.Laisant 常注意此数，说它有 369 693 100 位，此数用纸条写的，每字占 $\frac{1}{5}$ 寸，那么其长度为 1 166 英里 1 690 码 1 英尺 8 英寸。

Guillaume de Lorris 写 $10^{10^{10}}$ 的值在纸上，每字占 $\frac{1}{5}$ 英寸，那么纸条的长度，可以环绕地球一周还有余。

Crommelin 曾用一最古老的对数表，计算此数，此表对数 61 位，求得 $\log 9^{9^9}=$ 3 69 6 93 099.631 570 358 7…

而 这 个 数 的 首 28 位 为 4281247731757470480369871159……

Mc Intyre 又求得最后八位为 17 177 289。

$10^{10^{10}}$ 有 1 千亿位，即 1 字之后，有一万万个 0。

Meares 说 9^{9^9} 的值在 $10^{2000000}$ 及 $10^{2000001}$ 之间。

521. 印子钱

（1）还款的研究 放印子钱的总利息为 20%，现在分期百日还清，即其日利为 $\frac{2}{1000}$。设借印子钱 10000 文，暂且将种种消耗放一边，那么准年金公式为：

$$A=\frac{PrR^n}{R^n-1}$$

现，$P=10\,000$，

$R=1+\dfrac{2}{1\,000}$，

$n=100$，

$$\therefore A=\frac{10\,000\times\dfrac{2}{1\,000}\left(1+\dfrac{2}{1\,000}\right)^{100}}{\left(1+\dfrac{2}{1\,000}\right)^{100}}$$

$$=20\times\frac{1.221\,8}{0.221\,8}=110.17$$

也就是每日应还钱一百十文，现在每日索偿还的钱 120 文，是每日多取 10 文，百日即多取 1 000 文，所以利率名为 $\dfrac{2}{1\,000}$，实际何止几倍了。

（2）利率的研究 设借印子钱 10 000 文，那么借债的须纳印花税费 16 文，（合银一分）票据费 10 文，登记费 10 文，又被扣底串钱 $10\,000$ 文 $\times\dfrac{5}{1\,000}$ $=50$ 文，以及当日应尝之本利和钱 $\left(10\,000+10\,000\times\dfrac{2}{10}\right)$ 文 $\times\dfrac{1}{100}=$ $12\,000$ 文 $\times\dfrac{1}{100}=120$ 文。

如中间又银六圆，那么又折银价钱 20 文 $\times6=120$ 文，计借钱 1 000 文，仅实际得钱

$10\,000$ 文 — $(16+10+10+50+120+120)$ 文 $=10\,000$ 文 -326 文 $=9\,674$ 文。

借债的所还的本利和，除首日被扣钱不计外，实际还钱 99 日，每日须还钱 120 文，历 99 日，共还钱

120 文 $\times99=11\,880$ 文。

所还的时期，虽明为分期百日，分还本利之和，而实际上借款的当日也在期中，所以所分的日期只有

$100-1=99$（日）。

按第二期所还的款距借款日经过 1 日。

第三期所还的款距借款日经过 2 日。

第四期所还的款距借款日经过 3 日。

…　…

第五十期所还的款距借款日经过 49 日。

第五十一期所还的款距借款日经过 50 日。

第五十二期所还的款距借款日经过 51 日。

…　…

第九十八期所还的款距借款日经过 97 日。

第九十九期所还的款距借款日经过 98 日。

第一百期所还的款距借款日经过 99 日。

由此按照偿还的平均日算法，因其每期所还的款都相等，所以第二期所还的款，距借款日所经过的日数，与第一百期所还的款距借款日所经的日数之和，而平均之，为

$(1+99)\div2=50$（日）。再用第三期与第九十九期，第四期与第九十八

期……第五十期与第五十二期各二期所还的款，距借款日所经日数之和而平均，都为 50 日，与第五十一期所还的款距借款日所经的日数相等，就知分期 99 日，逐日偿还本利和 120 文，与以 99 期逐日所还的款总和 11 880 文，到 50 日后，一期偿还它，两无亏损，所以计算其分期偿还的期限，其平均偿还期以 50 日为准。

现试求其以一日为一期之复利率，

令 r 为利率，

则第一日后之本利和为

$9\,674 \times (1+r \times 1) = 9\,674 \times (1+r)$，

第二日后之本利和为

$[9\,674 \times (1+r)] \times (1+r \times 1)$

$= 9\,674 \times (1+r)^2$

同理，第三日后的本利和为 $9\,674 \times (1+r)^3$

…… ……

第五十日后的本利和为 $9\,674 \times (1+r)^{50}$。

而实则 99 日共还钱 11 880 文，有理可推 $9\,674 \times (1+r)^{50}$ 应与 11 880 相等。

$\therefore 9\,674(1+r)^{50} = 11\,880$。即

$(1+r)^{50} = \dfrac{11\,880}{9\,674}$，

即 $1+r = \sqrt[50]{\dfrac{11\,880}{9\,974}}$

而

$\lg \sqrt[50]{\dfrac{11\,880}{9\,974}}$

$= \dfrac{1}{50}(\lg 11\,880 - \lg 9\,674)$

$= \dfrac{1}{50}(4.074\,816\,440\,6 - 3.985\,606\,083\,1)$

$= \dfrac{1}{50} \times 0.089\,210\,325\,75$

$= 0.001\,784\,207\,15$

$= \lg 1.004\,116$

$\therefore 1+r = 1.004\,116$，

$\therefore r = 1.004\,116 - 1 = 0.004\,116$，

所以以一日为一期其利率为 0.004 116，

若以月计则为 0.123 48，即 12% 多，若以年计则为 1.502 34，即 150% 多。

（3）本利和的研究 设有一文钱，按照这种利率计算一日为一期，那么十年之后应得本利和若干。

令 S 为 10 年后的本利和，

因为 1 年共有 365 日，那么 10 年共有 $365 \times 10 = 3\,650$（日），

而这 10 年中至少有 2 个闰年，所以 10 年中之日数，至少有

$3\,650 + 2 = 3\,652$（日）。

$\therefore S = 1 \times (1+0.004\,116)^{3\,652}$

$= (1.004\,116)^{3\,652}$，

$\lg(1.004\,116)^{3\,652}$

$= 3\,652 \times 0.001\,784\,2$

=6.515 898 4

=lg 3 280 185,

∴ S=3 280 185,

所以知有一文钱，按照这种利率计算，那么 10 年后，可得本利和为 3 280 185 文。

（4）结论 看以上研究的结果，那么凡是经营印子钱的人，十年之后，即可得 300 多万倍的利益，用这种方法致富，完全是可以实现的。虽然借印子钱的人，大多是经营小本生意的商人，大都为贪图借大额款，慢慢零星偿还的便利，而忽视了利率的大小，才导致这么慷慨。

522. 命的谬算

按天干 10 字，地支 12 字，顺次各取一字，相互配合，这个数是 10 与 12 的最小公倍数，就是 60，也就是甲子，乙丑，丙寅，……壬戌，癸亥，每人的年月日时四项，其中有完全同的也有完全不同的，有同一项或二项的，现以 a，b，c，……代甲子，乙丑，丙寅……分论如下：

第一种 四项名称都不同的，例如 $abcd$，

按照排列组合的公式，得 P_{60}^4

即 $P_{60}^4 = \dfrac{60\,!}{(60-4)\,!} = 11\,703\,240$。

第二种 四项中有一项相同的，例如 $aabc$，$abca$。

先求 60 中取 3 的排列数，如 abc，接着加 a 在 abc 之前或后或 bc 之间，成 $aabc$，$abca$ 及 $abac$，那么一式变为三式，又加 b 在其前或后或 ac 之同，则一式又变为三式。

同理，若与 c 配合那么一式又变为三式。

所以以 a 或 b 或 c 与 abc 配合，那么一式可变为 3×3 式，但加 a 在 abc 之后，与加 a 在 bca 之前相同，加 a 在 bc 之间，与加 a 于 bac 之前相同，所以三式中只可取其两式，即一式可变为两式，所以其排列组合的总数为 $2 \times 3 \times P_{60}^3 = 1\,231\,920$。

第三种 四项中有两项两两相同的，例如 $aabb$。

先取组合数为 2，即先求 60 中 P_{60}^2，又先任取 60 中 P_{60}^2 个组合之一，如 ab，然后加 ab 及 ba 于 ab 之前，又加 a 在前加 b 于后，成 $abab$，$baab$，$aabb$，则一式变为三式。

所以其排列总数得 $3 \times P_{60}^2 = 10\,620$。

第四种 四项中有三项相同的，例如 $aaac$。

先求 60 中取 2 的排列总数为 P_{60}^2，任取个结列之一 P_{60}^2，如 ab，然后加 aa 于 ab 之前及后，成 $aaab$，$abaa$，则一式化为两式，又加 bb 于 ab 之前及后，成 $bbab$，$abbb$，则一式又化为两式。

其左右排列的总数为 14 160。

第五种　四项的名称都相同的，例如 $aaaa$。

这就是 60 中取 1 的排列法。

其数为 60。

综上五种，知八字排列的方法共有 11 703 240+1 231 920+10 620+14 160+60=12 960 000=60^4 个不同的式子。

我国解放前人口约有四亿多，即约是以上数字的 40 倍，当时世界人口约 15 亿多，也就是这个数的百余倍，其中八字相同的不知有多少，而贤愚贵贱，各不相同，可知算命的说法，实不足信。

难的是，八字排列的方法，虽有 60^4 种不同的方式，然平均计算，一年十二月，一月三十日，一日十二时（旧时农历为十二时辰），那么一年中所生的人，当有 12×30×12=4 320 个不同的八字，而 3000 年 (60^4÷4 320) 后，才能成一循环，你能用 3000 年前的人，与现在的人比较他们的富贵运势和寿命吗？何况年常有闰月，月有大有小，错综变化其循环之期或数倍于三千年，那么八字相同的人，怎能知其境遇的不同呢？回答说，是不同，八字循环的日期，用数理推之，固是长久，但甲巳之年正月必为丙寅，乙庚之年正月必为戊寅，甲巳日之子时必为甲子，乙庚日之时必为丙子，照此那么 60^4 式中，其第一项为甲为巳的，第二项不能为甲寅、戊寅……，第三项为甲为巳的，第四项不能为戊子、丙子……，而 60^4 式中，且当删去若干，年月纵有常闰大小的不同，而循环之期，可能不必等到三千年后，不仅仅如此，循环之期无论长短，八字排列法，不能出 60^4 式之外，一年中虽有 4 320 不同的方式，然世界一年中所生的人，肯定不止 4 320 人，这又可断言，怎么可能没有完全相同八字的。

注：这种计算，本可用等比数列求和的公式，因其不甚通俗，所以改用现在的方法，篇中计算，有可用组合法的公式，因欲求一致，所以都用排列法。

523. 阿基米德牛的趣题

这道题的解法可分为两种，先求正整数合于前七条件的，然后求正整数既合于前七条件，又合于后两条件者，但在沃尔文布特笔记中，有一附注，即全部牛的总数为 4 031 126 560，然而这仅合于前七项条件，现证明如下。

设 W，B，D，Y 为白黑斑黄公牛各种的数，w，b，d，y 为的黑班黄母牛各种之数，依照上面的七条件，得下面的一组联立一次方程组，

$$W=\frac{5}{6}B+Y \cdots\cdots\cdots\cdots（1）$$
$$B=\frac{9}{20}D+Y \cdots\cdots\cdots\cdots（2）$$
$$D=\frac{13}{42}W+Y \cdots\cdots\cdots\cdots（3）$$
$$w=\frac{7}{12}(B+b) \cdots\cdots\cdots（4）$$
$$b=\frac{9}{20}(D+d) \cdots\cdots\cdots（5）$$
$$d=\frac{11}{30}(Y+y) \cdots\cdots\cdots（6）$$
$$y=\frac{13}{42}(W+w) \cdots\cdots\cdots（7）$$

以上未知数有 8 个，而联立方程式只有 7 个，所以是不定方程组，按照代数理论，其答案当然不止一组，只求其最小值的一组即可，其他各组，可以用任何同一正整数乘之，而其相互的关系，仍然不变。从（1）、（2）、（3）消去 B 及 W 两个未知数，得 $891D=1\,580Y$，所以 D、Y 的最小整数值一定是 $D=1\,580$，$Y=891$，由此可得 $B=1\,602$，$W=2\,226$。

但以上四数是先假定 $D=1\,580$ 或 $Y=891$ 而得，是相对值，而不是绝对值，所以想求绝对值，应当用正整数 m 乘之，并代入其下的 4 式中（其算法可应用德托梅纳特行列式计算），得 m 最小值，（以联立方程组只有 4，5，6，7 四式，而未知数有 m，y，w，b，d 有 5 个，所以只能得其最小值，而不可得其准确值）为 4 657，其结果所得的正整数为：

B =7 460 514，

b=4 893 246，

W=10 366 482，

w=7 206 360，

D=7 358 060，

d=35 158 20，

Y=4 149 387，

y=5 439 213，

上面的答案是合乎前七项条件的最小值，其总和等于 50 389 082。（前面所提沃尔文布特笔记中，以 4 031 126 560 为总数，正好比上面的答案的总和大 80 倍，所以知前面所说的数，只合于前七条件，而不必合于后面的两个条件。）

以 50 389 082 来说，这些牛完全可以饲养在西西里岛，因该岛的面积为 7 000 000 英亩。

如果进一步求之，不仅须合乎前七项条件，还须合乎后面两个条件，即须合乎：

$W+B=1$ 个平方数…………（8）

$D+Y=1$ 个三角数…………（9）

因前面所得是相对值，所以可各以正整数 N 乘之，其值不变。

$(W+B)N=17\ 826\ 996N=1$ 正方形之数。

$(D+Y)N=11\ 507\ 447N=1$ 三角形之数。

n 的值，如果求合乎以上的一条件很容易，同时要合乎上的二条件，则很难。实际上，n 所须的值，并没有这么完全的计算。

计算合乎（1）至（8）的条件如下：$W+B=17\ 826\ 996n=4\times4\ 456\ 749n$。

又因为 $4\ 456\ 749$ 非完全平方数，所以要 $W+B$ 为完全平方数，那么必需 $n=4\ 456\ 749$，所以第一次所求的每一答案都须以 $4\ 456\ 749$ 乘之，于是 $W+B=79\ 450\ 446\ 596\ 004$，此数虽为完全平方数，而 $D+Y=51\ 285\ 802\ 909\ 803$ 则不是一个三角形的数，现在先解释三角形数的意义，10 即三角形的数，因 10 个小点能排列数行，而成等边三角形的形式，第一行乃一点，第二行乃二点，第三行乃三点，第四行乃四点，其次能排成三角形的数为 15，21，28，36，45，55，66，78……

由此得一个公式，凡数能等于 $\frac{1}{2}n(n+1)$ 的，都可排成三角形，而 n 为任何正整数，$51\ 285\ 802\ 909\ 803$ 不适合于公式 $\frac{1}{2}n(n+1)$，所以知道它不是三角形数，要适合于公式 $\frac{1}{2}n(n+1)$，n 如果不是正整数，那么所得结果必有疑。

又 $51\ 285\ 802\ 909\ 803$ 是黄及斑斓公牛数之和，然此结果只能符合于（1）、（8）联立方程式的条件，想求其又符合于第九个方程式的条件，可用下式表明：

$51\ 285\ 802\ 909\ 803x^2=\frac{1}{2}n(n+1)$

x、n 都是正整数，x^2 的数，都能求得，则对于第一次所求得的结果，当乘以 $4\ 456\ 749x^2$，于是才得公母各牛的真正合乎九项条件的数。

然仔细观察这个数，一定会发现这个数很大，锡希利的平原肯定不能容下这么多的牛，所求出的这样的数位，数学家虽承认其可求，可是最终没有明确的答数。一直到 1 560 年，数学家阿姆托尔确定为 206 545 位，是所求的总数，因知 $766\times10^{206\ 542}$ 为其近似值，但从这个数值不难看出，以牛数的一部分排成球体，虽牛形很小，但光线经过其直径，也须费时万年，所以在阿姆托尔证明之后，人们都以为牛的问题已径完全解决了。然而这并不是最终的答案算法。从解不定式的定理可知其算法，先用8乘前方程式的两边，用 y 代 $2n+1$，则得下式，$y^2-410\ 286\ 423\ 278\ 124x^2=1$。

上式可改为 $y^2-Ax^2=1$，A 为正整数时，那么 x、y 一定是正整数，才能满足这个方程式，从前佩尔及 Fermat 曾用高等数学的方法，解出了此方程的答案，其计算的方法很繁琐，也很难阐明，现在用简单的例子说明。

如果 $A=19$，或 $y^2-19x^2=1$，那么 y 及 x 的最小值为 170 及 39，1889 年 Hillsboro，Lllinois 的测量兼机器保管员，$A\cdot H\cdot$ 贝尔开始计算其确数，他们组织一 Hillsboro 的数学会，连络 Edmund Fish，George，H，Richara 等，用了四年的时间从事这件事，那些计算得 x 的数，左方约三十位，右方十二位，而中间的值，仍未确定，也就是 $x=34\ 555\ 906\ 354\ 559\ 370\cdots\cdots 252\ 058\ 980\ 100$，中间所点的空白，已经计算而未表明的有 15 位，未曾计算的有 20 647 位，所以计其总位数为 2 065 331，最后的方法，以 4 456 749 乘第一次所算的结果，再乘以 x^2，于是得以下的结果。

白公牛 =1 596 510………341 800

黑公牛 =1 148 971………178 600

黄公牛 =639 034…………026 300

斑斓公牛 =1 133 192……894 000

白公牛 =1 109 829………564 000

黑而公牛 =735 594………645 400

斑斓公牛 =541 460………318 000

黄公牛 =837 676…………113 700

总牛数 =7 760 271………081 800

上述每行中间的黑点，代表 206 532 位数，总计每行所得的总位数为 206 545 或 206 544 位，而每行中，已经为赫尔斯——本数学会所计算而省略未表明的，在左边的满 24 位，在右边的为 6 位。

这个问题记载在美国1895年3月的数学月刊中，贝尔解释这种极大的数说，有 15 英里长。比较理想的说法是，印刷这种长大的数，所需的位置，可以推想而得，设每页容 32 行，每行印 50 位，则每页可印 1 650 位，想要印 206 545 位，需 126 页，想要使九个答数都印出来，其页数将超过 1 000 以上。

阿基米德在《群牛问题》一书中，思考这个数，他向公众表示说，这个数大得就像地面的沙，如宇宙内的粟。而阿基米德是否曾著有《群牛问题》一书，尚不明确。但阿姆托尔解释说，计算如此大的数，表明了这种研究的价值，所以人们以阿基米德的名字冠名，至于最后的解答，只能留待将来的数学家完成，发明家 Bell 表明，这种计算在现代人来做，仍是千人千年的工程。Hillshoro 虽是荒村小镇，然竟能以数学会之名算得此题，这得益于他们本身技能的优秀，这种愉悦不次于凯旋的欢乐。

524. 二次方程式机械解法

用法的原理：

（1）第一用法的原理　想明白这个方法的原理，应先明白根与系数的关系，设有方程式 $x^2+px+Q=0$，配成平方，为：$x^2+2\times\dfrac{p}{2}x+\left(\dfrac{p}{2}\right)^2=\left(\dfrac{p}{2}\right)^2-Q$，

若其根为 α，β，那么 $P=-(\alpha+\beta)$，$Q=\alpha\beta$，而 $\left(\dfrac{p}{2}\right)^2-Q=\left(\dfrac{\alpha+\beta}{2}\right)^2-\alpha\beta=\left(\dfrac{\alpha-\beta}{2}\right)^2$，

但 $-(\alpha+\beta)=P$，所以 $\alpha-\beta=P+2\alpha$，

$\therefore\left(\dfrac{p}{2}\right)^2-Q=\left(\dfrac{\alpha-\beta}{2}\right)^2=\dfrac{(P+2\alpha)^2}{2}$

$\qquad=\left(\dfrac{p}{2}+\alpha\right)^2$，

因 A 尺上的数是 B 尺上对应数的平方数，又因 $\left(\dfrac{p}{2}\right)^2-Q=\left(\dfrac{p}{2}+\alpha\right)^2$，

所以 A 尺上 $\left(\dfrac{p}{2}\right)^2-Q$ 的数，距 0 一定是 $\dfrac{p}{2}+\alpha$ 单位，（以 B 尺上的单位为单位，）而 C 尺上的 P，一定距 0 $P/2$ 单位，（也就是以 B 尺上的单位为单位，）所以 A 尺上的 $\left(\dfrac{p}{2}\right)^2-Q$，距 $\left(\dfrac{p}{2}\right)^2$ 一定是 α 的单位，如果 B 尺上的 0 对置于 C 尺上 P 之下，那么 A 尺上的 $\left(\dfrac{p}{2}\right)^2-Q$，一定对应于 B 尺上 α，同时，同理，那么 B 尺上另一侧对应于 A 尺上 $\left(\dfrac{p}{2}\right)^2-Q$ 的数，一定是 β，所以可得 α，β 两根。

（2）第二用法的原理　由二次方程式的一般解法，得，

$x^2+Px+Q=0$ 的根

$x=-\dfrac{p}{2}\pm\sqrt{\left(\dfrac{p}{2}\right)^2-Q}$

看上式可知滑尺的第二用法，不同于二次方程式的一般解法，因为 P 在 C

尺上，距 0 为 $\dfrac{P}{2}$ 单位，（以 B 尺上的单位为单位），所以 B 尺上的 0，既对置于 C 尺上 P 之下，那么 B 尺上相对于 C 尺 0 的数，一定是 $-\dfrac{p}{2}$，所以加或减 $\dfrac{p}{2}$，就得到所求的两根，细究第二用法的增订，实为 $\left(\dfrac{p}{2}\right)^2 < Q$ 时而设 $\left(\dfrac{p}{2}\right)^2 < Q$，那么，一定是虚数，而 x 的值，一定是复数根，复数根此尺上没有刻记对应数值，所以只用第一法求解。有了这两种方法，那么任何二次方程式，无论根为实数（有理数或无理数）或虚数，都可以用滑尺求解。

526. 圆周率的记忆法

314159　26535　89793　23846
26433 83279 50288 41971 69399
37510　58209　74944　59230
78164 06286 20899 86280 34825
34211　70679　82148　08651
32823 06647 09384 46095 50582
23172　53594　08128　48111
74502 84102 70193 85211 05559
64462　29489　54930　38196
44288 10975 66593 34461 28475
64823　37867　83165　27120
19091 45648 56692 34603 48610

49432　66482　13393　60726
02491 41273 72458 70066 04315
58817　48815　20920　96982
92540 91715 36436 78925 90360
01133　05305　48820　46652
13841 46951 94151 16094 33057
27036　57595　91953　09218
61173 81932 61179 31051 18548
07746　23798　34749　56735
18857 52724 89122 79381 83011
94912　98336　73362　44193
66430 86021 39501 60924 48077
23094　36285　53096　62027
55693 97486 95022 24749 96206
07497　03041　23668　86199
51100 89202 38377 02131 41694
11902　98855　25446　81639
79990 76597 00081 70029 63123
77381　34208　41307　91451
18398 05709 85……

527. 线段的中点

令 AB 为一条线段，求作 AB 的中点，只用一个圆规画出，其作法如下：

（1）分别以 A，B 为圆心，以 $A B$

为半径作⊙A，⊙B，交于点D。

（2）在B圆上求出E，F两点，令$DE=EF=AB$；

（3）分别以A，F为圆心以DF半径作两圆交于点G；

（4）以B为圆心，以BG为半径，作一圆，交⊙A于点H，再在这个圆上求点K，令$HK=AB$；

（5）在⊙B上求点L，令$HL=HB$；

（6）分别以K，L为圆心以AB为半径，作两圆，交于点I；

（7）在⊙A上或⊙B上，求出点M，令$MB=BI$；

（8）以M为圆心，以MB为半径，作一圆，交AB于C点，这个点C就是所求的中点。

证明，令$AB=a$，则

$HB=GB=\sqrt{GA^2-AB^2}$

$=\sqrt{DF^2-AB^2}=\sqrt{3a^2-a^2}=\sqrt{2}\,a$

又$\triangle HKI \backsim \triangle HKB$

即$HK:HB=HI:HK$

即$HI=\dfrac{HK^2}{HB}=\dfrac{a^2}{\sqrt{2}\,a}=\dfrac{\sqrt{2}\,a}{2}=\dfrac{1}{2}HB$

∴以K为圆心，以AB为半径所作的圆，必交于HB的中点。

又$\triangle BLI \backsim \triangle HLB$

即$LB:HB=BI:LB$

即$BI=\dfrac{LB^2}{HB}\dfrac{\sqrt{2}\,a}{2}=\dfrac{\sqrt{2}\,a}{2}=\dfrac{1}{2}HB$

∴以K为圆心，以AB为半径所作的圆，必交于HB的中点，由此可证明I为HB的中点。

又$BM=BI=\dfrac{1}{2}HB=\dfrac{1}{2}\sqrt{2}\,a$，

又$\triangle MBC \backsim \triangle MBA$

即$MB:BC=AB:MB$

∴$BC=\dfrac{MB^2}{AB}\dfrac{(\frac{1}{2}\sqrt{2}\,a)^2}{a}=\dfrac{a}{2}$

∴C点在AB的中心。

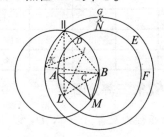

528. 整数直角三角形

以100以内的数为边共有27组。

m	n	m^2+n^2	m^2-n^2	$2mn$
2	1	5	3	4
3	1	10	8	6
3	2	13	5	12
4	1	17	15	8
4	2	20	12	16
4	3	25	7	24
5	1	26	24	10
5	2	29	21	20
5	3	34	16	30

5	4	41	9	40
6	1	37	35	12
6	2	40	32	24
6	3	45	27	36
6	4	52	20	48
6	5	61	11	60
7	1	50	48	14
7	2	53	45	28
7	3	58	40	42
7	4	65	33	56
7	5	74	24	70
7	6	85	13	84
8	1	65	63	16
8	2	68	60	32
8	3	73	55	48
8	4	80	48	64
8	5	89	39	80
8	6	100	28	96

529. 三等分圆

分直径为三等分于 C，D，以 AC，DB 为直径，各作半圆又以 AD，BC 为直径，各作半圆，那么圆被曲线 ADB，ACB 三等分。

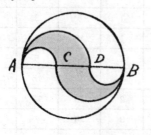

530. 四等分圆

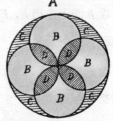

设 A 为想分的圆，先在 A 圆内作四小圆，与 A 圆相切，在四等分点，那么 B 与 C 相加再加 D，所成的曲线形，为圆的四分之一。

531. 椭圆画法

这个画法先画一圆，其半径等于椭圆的长径，在圆内任定一点 F（此点即焦点），然后折圆，使 F 点落在圆上，过折痕作直线，依照此做法作若干直线所包的形状即椭圆。

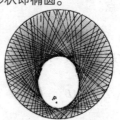

532. 制造水槽

设这个锌板的长为 a，宽为 b，四角各切去一个正方形，r 为水槽容量，则得

$$y=(a-2x)(b-2x)x$$

求导，得

$$\frac{dy}{dx}=12x^2-4(a+b)x+ab\cdots\cdots\cdots(1)$$

求导，得

$$\frac{d^2y}{dx^2}=24x-4(a+b)\cdots\cdots\cdots(2)$$

令 $\frac{dy}{dx}=0$，即 $12x^2-4(a+b)x+ab=0$

解方程，得：

$x=\dfrac{a+b\pm\sqrt{a^2+b^2-ab}}{6}$ 以此值代入

（2）式

$$\frac{d^2y}{dx^2}=4[6x-(a+b)]$$

$$=\pm4\sqrt{a^2+b^2-ab}\cdots\cdots\cdots(3)$$

因 y 须为极大，所以 $\frac{d^2y}{dx^2}$ 应小于 0。

而（3）的右边小于 0，只用根号前的负号时才可确定，即：

$x=\dfrac{a+b-\sqrt{a^2+b^2-ab}}{6}$ 为最大值，

现在 $a=8$，$b=5$ 代入上式求得 $x=1$。

所以知道锌板每角应切去锌板每边 1 尺的正方形。

533. 造箱省料

设 h 为高，a 为直径，则侧面积为

πah，

底部的面积为

$2\times\dfrac{1}{4}\pi a^2$，

锡的表面积为

$$\left(\pi ah+\frac{1}{2}\pi a^2\right)\cdots\cdots\cdots\cdots(1)$$

而 $Q=\dfrac{1}{4}\pi a^2h$，$\cdots\cdots\cdots(2)$

由（2），得 $h=\dfrac{4Q}{\pi a^2}$，

代入（1），得 $\pi a\left(\dfrac{4Q}{\pi a^2}+\dfrac{1}{2}a\right)$

$$=\left(\dfrac{4Q}{a}+\dfrac{1}{2}\pi a^2\right)$$

因锡的体积须极小，所以令上式的微分等于 0，其结果为 $a^3=\dfrac{4Q}{\pi}$，也就是 $Q=\dfrac{1}{4}\pi a^3$，与（2）比较，得 $a=h$，所以想要圆筒省料，高非等于直径不可。

534. 益智环

益智环上下方法的计算：

设下第一环的步骤为 T_1，下第一环至第二环的步骤为 T_2，下第一环至第三环的步骤为 T_5，……，下第一环至第 n 环的步骤为 T_n。而以每一上下各作一次计算如下：

因要下第一环至第 n 环，一定先下第一环至第 $n-2$ 环，接着下第 n 环，再接着上第一环至第 $n-2$ 环，再接着下第一环至第 $n-1$ 环，所以

$$T_n=T_{n-2}+1+T_{n-2}+T_{n-1}$$

$$=T_{n-1}+2T_{n-2}+1\cdots\cdots\cdots\cdots(1)$$

同样知 $T_{n-1}=T_{n-2}+2T_{n-3}+1\cdots\cdots(2)$

$T_{n-2}=T_{n-3}+2T_{n-4}+1\cdots\cdots\cdots$（3）

加(1)式于(2)式而减去(3)式的二倍，

则 $T_n+T_{n-1}-2T_{n-2}$

$\qquad=T_{n-1}+3T_{n-2}-4T_{n-4}$

即 $T_n-T_{n-2}=4（T_{n-2}-T_{n-4}）\cdots$（4）

先令 n 为奇数由(4)式可得下列各式

$\qquad T_n-T_{n-2}=4（T_{n-2}-T_{n-4}）$，

$\qquad T_{n-2}-T_{n-4}=4（T_{n-4}-T_{n-6}）$，

$\qquad\qquad\cdots\cdots$

$\qquad T_7-T_5=4（T_5-T_3）$，

$\qquad T_5-T_3=4（T_3-T_1）$。

而 $T_1=1$，$T_2=2$，$T_3=2+2\times1+1=5$

故 $T_3-T_1=5-1=4$，代入上列计式，

则

$\qquad T_1=1$

$\qquad T_3-T_1=4=2^2$

$\qquad T_5-T_3=4T_3-T_1=4\times2^2=2^4$

$\qquad T_7-T_5=4T_5-T_3=4\times2^4=2^6$

$\qquad\qquad\cdots\cdots$

$\qquad T_{n-2}-T_{n-4}=4（T_{n-4}-T_{n-6}）$

$\qquad\qquad\qquad=4\times2^{n-3}=2^{n-1}$，

加之，则

$\qquad T_n=2^0+2^2+2^4+2^6+\cdots+$

$2^{n-3}+2^{n-1}=\dfrac{2^{n-1}\times2^2-1}{2^2-1}$，

即 $T_n=\dfrac{1}{3}（2^{n+1}-1）\cdots\cdots\cdots\cdots$(5)

令 n 为偶数，由（4）式又可得下列各式，

$\qquad T_n-T_{n-2}=4（T_{n-2}-T_{n-4}）\cdots$(6)

（5）及（6）式计算奇数环及偶数环从钉上脱下的步骤的公式，然 n 为奇数，那么 $n+1$ 为偶数，由(5)(6)，知 $T_n=\dfrac{1}{3}（2^{n+1}-1）$ 及 $Tn+1=\dfrac{2}{3}（2^{n+1}-1）$，

所以下一环至某奇数环的步骤的两倍，即为下第一环至其次奇数环的步骤又 n 为偶数，则 $n+1$ 为奇数，再由(5)(6) 知

$Tn=\dfrac{2}{3}（2^n-1）$ 及 $Tn+1=\dfrac{2}{3}（2^{n-2}-1）-1$

所以下第一环到某偶数环的方法，即为下第一环到其次奇数环的步骤，因此如果知道前一环的步骤数是多少，就可算得下一步骤数，步骤很简单。

$\qquad T_1=1$，$\quad T_2=2T_1=2\times1=2$，

$\qquad T_3=2T_2+1=2\times2+1=5$，

$\qquad T_4=2T_3=2\times5=10$，

$\qquad T_5=2T_4+1=2\times10+1=21$，

$\qquad T_6=2T_5=2\times21=42$，

$\qquad T_7=2T_6+1=2\times42+1=85$，

$\qquad T_8=2T_7=2\times85=170$，

$\qquad\qquad\cdots\cdots$

这样，设环数为1，2，3……60，而记它们的结果如表所示：

环数	步骤	环数	步骤
1	1	31	1 431 655 765
2	2	32	2 863 311 530
3	5	33	5 726 623 061
4	10	34	11 453 246 122
5	21	35	22 906 492 245
6	42	36	45 812 984 490
7	85	37	91 625 968 981
8	170	38	183 251 937 962
9	341	39	366 503 875 925
10	682	40	733 007 751 850
11	1 365	41	1 466 015 503 701
12	2 730	42	2 932 031 007 402
13	5 461	43	5 864 062 014 805
14	10 922	44	11 728 124 029 610
15	21 845	45	23 456 248 059 221
16	43 690	46	46 912 496 118 442
17	87 381	47	93 824 992 236 885
18	174 762	48	187 649 984 473 770
19	349 525	49	375 299 968 947 541
20	699 050	50	750 599 937 895 082
21	1 398 101	51	1 501 199 875 790 165
22	2 796 202	52	3 002 399 751 580 330
23	5 592 405	53	6 004 799 503 160 661
24	11 184 810	54	12 009 599 006 321 322
25	22 369 621	55	24 019 198 012 642 645
26	44 739 242	56	48 038 396 025 285 290
27	89 478 485	57	96 076 792 050 570 581
28	178 956 970	58	192 153 584 101 141 162
29	357 913 941	59	384 307 168 202 282 325
30	715 827 882	60	768 614 336 404 564 650

以上计算方法，是以下第一环到第二环的步骤，分为两次动作，所以 $T_2=2$，然后下第一第二环，可同时动作，所以 T_2 的数，可认为 1，依此计算，则

$T_1=1$, $T_2=1$, $T_3=T_2+2T_1+1=1+2\times1+1=4$，

由此，设 n 为奇数，得 $T_1=1$，

$T_3-T_1=4-1=2^2-1$，

$T_5-T_3=4(T_3-T_1)=4(2^2-1)=2^4-2^2$，

$T_7-T_5=4(T_5-T_3)=4(2^4-2^2)$
$\qquad=2^6-2^4$，

$T_{n-2}-T_{n-4}=4(T_{n-2}=T_{n-4})=4(2^{n-3}-2^{n-5})$
$\qquad=2^{n-1}-2^{n-3}$。

$\qquad\qquad\cdots\cdots$

加之，得

$\qquad T=2^{n-1}$。$\cdots\cdots\cdots\cdots\cdots$（7）

设 n 为偶数，同样，得

$T_2=1$, $T_3=4$, $T_4=T_3+2T_2+1=4+2\times1+1=7$

$\therefore T_2=1$，

$T_4-T_2=7-1=2^3-2$，

$T_6-T_4=4(T_4-T_2)=4(2^3-2)=2^5-2^3$，

$T_8-T_6=4(T_6-T_4)=4(2^5-2^3)=2^7-2^5$，

$\qquad\qquad\cdots\cdots$

$T_{n-2}-T_{n-4}=4(T_{n-2}-T_{n-6})=4(2^{n-3}-2^{n-5})$，

$T_n-T_{n-2}=4(T_{n-2}-T_{n-4})=4(2^{n-1}-2^{n-3})$

$$=2^{n-1}-2^{n-3}。$$

加之，得

$$T_n=2^{n-1}-1\cdots\cdots\cdots\cdots\cdots（8）$$

（7）和（8）式，也是算奇数环及偶数环，由钗脱下的步骤的公式，但以下第一环至第二环的步骤并作一次计算。

然 n 为奇数，那么 $n+1$ 为偶数，由（7）（8）知

$$T_n=2^n-1，$$

及 $T_{n+1}=2^n-1$。

所以下第一环至某奇数环的步骤的二倍减一，即为下面第一环至其次偶数环的步骤。

又 n 为偶数，那么 $n+1$ 为奇数，由(7)、(8) 知

$$T_n=(2^n-1)-1$$

及 $T_{n+1}=2n$。

因此下面第一环至某偶数环的步骤加一的二倍，即为下面第一环至其次奇环的步骤数，如果知前一环的步骤数是多少，即可算出下一环的步骤数，这个方法也很简单。

$$T_1=1，$$

$$T_2=2T_1-1=2\times1-1=1，$$

$$T_3=2(T_2+1)=2(l+1)=4，$$

$$T_4=2T_3-1=2\times4-1=7，$$

$$T_5=2(T_4+1)=2(7+1)=16，$$

$$T_6=2T_5-1=2\times16-1=3l，$$

$$T_7=2(T_6+1)=2(31+1)=64，$$

$$T_8=2T_7-1=2\times64-1=127，$$

$$\cdots\cdots$$

这样设环数为 1，2，3……60，而记其结果为如表所示：

环数	步骤	环数	步骤
1	1	31	1 073 741 824
2	1	32	2 147 483 647
3	4	33	4 294 967 296
4	7	34	8 589 932 591
5	16	35	17 179 869 184
6	31	36	34 359 738 367
7	64	37	68 719 476 736
8	127	38	137 438 953 471
9	256	39	274 877 906 944
10	511	40	549 755 813 887
11	1 024	41	1 099 511 627 776
12	2 047	42	2 199 023 255 551
13	4 096	43	4 398 046 511 104
14	8 191	44	8 796 093 022 207
15	16 384	45	17 592 186 044 416
16	32 767	46	35 184 372 088 831
17	65 536	47	70 368 144 177 664
18	131 071	48	140 737 488 355 327
19	262 144	49	281 474 976 710 656
20	524 287	50	562 949 953 421 311
21	1 048 576	51	1 125 899 906 842 624
22	2 097 151	52	2 251 799 813 685 247

23	4 194 304	53	4 503 599 627 370 496
24	8 288 607	54	9 907 199 254 740 991
25	16 777 216	55	18 014 398 509 481 984
26	33 554 431	56	36 028 797 018 963 967
27	67 108 864	57	72 057 594 037 927 936
28	134 217 727	58	144 115 188 075 855 871
29	268 435 456	59	288 230 376 151 711 744
30	536 870 911	60	576 460 752 303 423 487

从以上两个表格中可知，步骤的繁琐，环数稍增，所费步骤也更甚。现在假定每一分钟，可以动作 64 乃至 80 次，按照前表，想下 10 环，需要 8.5 以上的时间，设环数增加到 20，那么需要 113 时，也就是每天工作 10 个小时，也要 11 天才能做完。如果这个数字增加到 30，那么每天即使不吃不睡，也需要 5 年半，才可以成功。如果环数继续增加，步骤之多，虽不难用以上方法算出来，然耗时之久，也会超出我们的意料。

535. 益智环趣题

按照益智环游戏的方法及手枝，可得下面的算式，

环的数目　　将环完全取下时所须的步骤

（1）　　　　$1 = 2^0$；

（2）　　　　$1 \times 2 = 2 = 2^1$；

（3）　　　　$2 \times 2 + 1 = 4 + 1 = 2^2 + 2^0$；

（4）　　　　$(4+1)2 = 8 + 2 = 2^3 + 2^1$；

（5）　　　　$(8+2)2 + 1 = 16 + 4 + 1$

　　　　　　$= 2^4 + 2^2 + 2^0$。

再以 $\frac{3}{3}$ 乘以上所得的结果。

$$2^0 \times \frac{3}{3} = 2^0 \times \frac{4-1}{3} = 2^0 \times \frac{2^2-1}{3} = \frac{1}{3}(2^2-1)$$

$$2^0 \times \frac{2^{2-1}}{3} = \frac{1}{3}(2^2-1)$$

$$2^1 \times \frac{2^{2-1}}{3} = \frac{1}{3}(2^3-2)$$

$$2^2 + 2^0(\frac{2^{2-1}}{3}) = \frac{1}{3}(2^4-1)$$

$$(2^3+2^1)(\frac{2^{2-1}}{3}) = \frac{1}{3}(2^5-2)$$

$$(2^4+2^2+2^0)(\frac{2^{2-1}}{3}) = \frac{1}{3}(2^6-1)。$$

总括以上算式，若有 n 个环，可得两公式。

只要环数为偶数时，所须的步骤，可用 $\frac{1}{3}(2^{n+1}-2)$ 推之；

只要环数为奇数时，所须的步骤，可用 $\frac{1}{3}(2n+1-2)$ 推之。

如果 n 为偶数，全体的上下共有形状 2^n 个，其中有 $\frac{1}{3}(2^{n+1}+1)$ 为全体脱下时所有的形状，有 $\frac{1}{3}(2^n-1)$ 为无用的形状，现在再列表如下，以便读者检阅。

注意下表中有用形状的第一数，比

这个环数所用的动作多一，因形状并不是动作，例如下去七环，须85个动作，而42个无用的形状，确等于下去六环所需的动作，实在想要脱下第七个环，若先下去右边六个，而第七环依然不能脱下，所以必须将所脱下的六环再套上，这42个形状，实在是无用。

环数	总形数	有用形状	无用形状
1	2	2	0
3	8	6	2
5	32	22	10
7	128	86	42
9	512	342	170
2	4	3	1
4	16	11	5
6	64	43	21
8	256	171	85
10	1 024	683	341

现在钗上14枚环，所以想要完全取下时，所须的步骤，共为10 922个，现在已做的为9 999，还剩下10 922 — 9 999=923个步骤没做，若想知此时环为什么形状，可用下面的方法求，即以2除923，得461，余1；再用2除461，得230，余1；再以2除230，得115，余0，按照这样除，直到不能

除为止，所有余数如下，1，1，1，0，0，1，1，0，1，1，最后的余数在左边，第一余数在右边，现在共有1及0仅10个，而环为14个，所以把4个0放在括弧内，而排在各余数的左边，并括各数与其左边相重复的，可得 (0 000)1(11)0(0)1(1)01(1) 的排列，然后再放有括弧的字在线下，其他字在线上，所以此题的正确解释如下：

上图就是14个环已做9 999个步骤后的正确形状。读者按照此，可推算无论多少环数，想完全拿下时所须的步骤。现在如果要求，可由已示的圆形推算步骤的数目，但公式须稍微有变化。因为一环或上或下，那么全体的形状就会变得不同。所以所谓相撞实际上是指环数的变化。有如下公式，（以 n 代环数）换而言之，想要取下第七环，一定要先取下第五环，想要取下第五环，一定要先取下第三环，想要取下第三环，一定要先取下第一环，如果想取下第6环，就一定要先取下2环，之后取下第四环。

第十九章 杂题集

536. 植物与天文

所有植物的叶子恒为对称，试着从某种植物上折取一枝观察，那么可见它的排列规则：一枝是这样，任何一枝没有不是这样的，菩提木及草类的叶子，都是两层排列，第二叶高于第一叶，在第一叶之上，与之成一直线，而与第二叶相对，所以叶与叶的距离为径的 $\frac{1}{2}$；没有阳光的田地里所长出来的营，它的叶子为三层排列，也就是第二叶与第一叶的距离为径的 $\frac{1}{3}$，第三叶与第二叶的距离也为径的 $\frac{1}{3}$，第四叶高于第三叶，与第一叶成直线；苹果树、樱桃树及灌木的叶，则为五层排列，也就是任何二层的距离为径的 $\frac{2}{5}$；车前的叶，则为八层排列，其距离为径的 $\frac{3}{8}$。其他各种不胜枚举，综合统计有：$\frac{1}{2}$，$\frac{1}{3}$，$\frac{2}{5}$，$\frac{3}{8}$，$\frac{5}{13}$，$\frac{8}{21}$，$\frac{13}{34}$。这种级数的分母，是在其前两个分母的和，分子为在其前两个分子之和，除上列所举的植物外，小蒜的叶的排列为 $\frac{5}{13}$，到按照其他各分数排列的，那么可在松柏类及小植物中求。太

阳系中距日最远的是海王星，再次是土星、木星、Asteroids（小行星），火星，地球，金星，水星，海王星绕日一周约需 60 000 日，天王星则须 30 000 日，是海王星绕日的时间的一半，土星的周期则约为天王星的 $\frac{1}{3}$，木星的周期为土星的 $\frac{2}{5}$，其他各星的周期是其较近星球的分数，可按照上列的级数推算，所以植物的叶，不只含有理数，且与天文相应。

537. 智盗珍珠

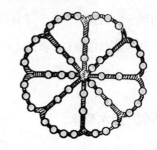

原题中珠花的图，其珍珠的安置，与彼女士所说，实无抵触。

为什么该女士的哥哥，熟知其中共含有 45 粒珍珠，所以不得不求工匠究竟用什么最简单的方法盗取这四珠，现有如图的布置，工匠只须将一珠放在中

央，就可以与该女所说相合，从而盗取四粒珍珠，所以花中珍珠原来的布置，就是如图所示的位置。

538. 巧窃银币

变更银币的排列如下：

```
A ○○○○○○○ B
        ○
        ○
        ○
        ○
        ○
        ○
        C
```

539. 铜链趣题

铜链 9 段，想要连结为环链，而每连两段共须银 3 分，所以初看都认为最少须 27 分，可是细心观察，将三环一段与四环一段的两段，各个环分开，用这七个环连结七段链环，那么循环的链即成，且仅须银 21 分。

540. 接木奇术

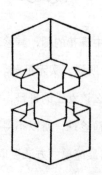

这道题的奥妙，已明白表示在图中，也就是相邻的二榫相通，与其对角线成平行线，所以将两木的榫接好，按对角线的方向平推，就可将此木接合，而四边仍是鸠尾榫，不知道的当然不能明白其中的奥妙。

541. 巧拼积木

将 a，c，e，f 四块，拼如图（1），然后将（3）d 的左端向下插入 a 与 f 之间，最后将（2）b 加在 c 之上，即得：

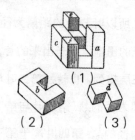

（1）
（2）
（3）

542. 登楼妙算

这个楼梯的各级的距离相等，所以上楼的方法，可用下面的文字表示：1.1（0）；2.1、2、3（2）；2.3、4、5(4)；3.5、6、7(6)；4.789(8)；5.9。以上括弧中数字，即上登时所退至的层数，到最后的 9 字，就可以登楼了。总而言之，除第一次上一步，退 1 步，也就是退到地板外，以下均上 3 步，退一步，直达梯顶。

543. 射雉趣题

雉鸡共24，打死16只，伤翅1只，飞去7只。显然，读者因此一定会答7只，然"飞去"与"存留"相矛盾，那么一定又答17只，但题中并非问"留在这里的"而是静留在的，因伤翅的雉鸡，虽不能展翅高飞，也是承受着痛苦想逃，所以正确答案为16只。

544. 布置周密

共可放13个硬币，如图所示的布置。

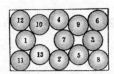

545. 银行商

银行商的分法：第一囊中贮1元，第二囊中贮2元，第三囊中贮4元，第四囊中贮8元，第五囊中贮16元，第六囊中贮32元，第七囊中贮64元，第八囊中贮128元，第九囊中贮256元，第十囊中贮489元，合计1 000元。

546. 星座趣题

547. 猜奇偶数

右手中硬币数，无论是奇是偶，乘以2，一定是偶数。左手中的硬币数若为奇数，它的3倍仍为奇数，奇数与偶数的和为奇数，右手数的2倍为偶数，那么左手数的3倍，必为奇数，所以左手硬币为奇数而右手为偶数，若左手硬币数为偶数，那么它的3倍一定是偶数，偶数与偶数之和，仍为偶数，所以左手的一定是偶数。

548. 猜数术（1）

设乙所想的数为 x，那么按照算法得下式，

$$\frac{(2x+4)\times 3}{6}-x=2$$

所以未算之前，甲已经预定其结果了。

549. 猜数术（2）

差数减1，用2除为原数，因为 x^2 与 $(x+1)^2$ 的差为 $2x+1$，现在减去1，那么差是 x 的2倍，这个道理很明白，读者很容易就能看懂。

550. 猜数术（3）

因第二表中的数，由1至81，是顺序排列，第一表中 A 列的数，是第二表

中第六行（除去标题行）的数，只是次序不同罢了，所以乙将 E 告诉甲，甲已知其数在第一行，又说明在第七列，那么甲知为第七行的第一字，（第二表的首行为列标题，非数）而每列有九字，所以从 $9 \times 6 + 1$ 中知是 55。

例 $A\ B\ C\ D\ E\ F\ G\ H\ I$

第 第 第 第 第 第 第 第 第

六 七 八 九 一 二 三 四 五

行 行 行 行 行 行 行 行 行

551. 猜数术（4）

先求 5 与 7 的公倍数中以 3 除余 1 的数，而 7 与 5 的最小公倍数为 35，$35 \div 3$ 的商为 11，余 2，所以 35 的最小倍数以 3 除之，余 1 的为

$$35 \times 2 = 70,$$

然后求 3 与 7 的公倍数中，以 5 除的余 3 的，其最小数为

$$21 \times 3 = 63,$$

再求 3 与 5 的公倍数中，以 7 除的余 6 的，其最小数为

$$15 \times 6 = 90,$$

$$\therefore 70 + 63 + 90 = 223,$$

也就是除 1、5 除余 3，7 除余 6 的数，而其中须减去 3，5，7 的最小公倍数的若干倍，其余数也就是所要的最小数。

所以 $223 - 105 \times 2 = 13$ 为所求的数。

最后的欢颜趣语

　　我等编辑这本书，瞬间已经超过一年了，书稿即将完成之际，特在元旦安排酒会于平堂山上。远眺京口，近揖蜀冈，觥筹交错，非常快活。饮到半酣，我举杯对众人说，胜会难得，酒可以让大家高兴。我们有了雅兴，猜拳有患其习俗；赋诗也近于迂腐。没有酒令，何以伸雅怀！我们平日谈科学，应该以科学为游戏；我们编撰数学游戏，更应该以数学为游戏。请从我开始，每人讲述一谜语或趣谈一则，均须含有数理，能博得大家一笑，不能者将罚以巨杯，怎样？大家都说好。我说，20世纪科学的进步，真有一日千里之势。你们没

听说？现在有人私自设计建造一个精巧的方屋，其四面的窗户都能有南面方向的位置，你们由该屋任何方向的窗户向外看，都能面对南面的方向。周君说，若有人能建筑这样奇巧的屋子，我愿意出高价购买它，我极不愿意住在方向朝北的屋子。汤君说，我不信用一个方形的屋子，而其四面的窗户都能向南，我以为另将东西两边的窗户特别伸出，而斜向南面。虽然背面的窗户，能向南侧，这是从来没有的事。或者另外利用反射镜或类似反射镜的东西。我说，不，不利用一物，四面的窗均与墙成同一水平面，而人站在任何一面，都能向南。

北极

南极

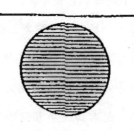

李君沉思片刻，笑着对大家说，大家果然认为这是难的吗？我若说出来，大家必然哑然失笑。出此计划的，建此屋子在地球上精确没有误差的北极点，

你们仔细想一想，当我们站在北极时，任你转向什么方向，所对的除正南外，能面对一方位，如我们所说的东所说的西所说的北吗？我说，聪明的李君，说完大家大笑起来。接着周君说，某一天，某旅兵士在我校会操，当单行向右看齐时，我看他们仅有一人能直立的，这是什么原因呢？急遽间没有人能回答。过一会儿，汪君笑着解释说，依照几何原理，一条直线与一个球体相切，切处仅有一点，兵士既列成直线，其中位于切点的一人，以其与地心发生关系，所以独能直立。至于其余兵士，已经立在空地的位置，我恐怕他们东倒西歪了。大家听了之后都大声地笑了起来。轮到刘君，刘君说，我有一个趣题限在五秒内答出。若我有九个儿子，每个儿子又各有一个妹妹，请问这个人共有子女几人？大家都说，这个人共有子女18人。任君说，不是的，他的儿子各有一个妹妹，若他的最小的孩子是女儿，也可以满足题中的条件，所以共有子女10人。接着是曹君，曹君说，我有一个题与刘君的相似，若不把抄袭看为责备，大家当然可以说出来。众人都说可以。曹说，一家有祖父1人，祖母1人，父亲2人，母亲2人；小孩3个，孙子1人，孙女1人；兄1人，弟1人，姐姐1人，妹妹1人；儿子1人，女儿1人；老翁1人，姑姑1人，媳妇1人。大家知道这家共有几人呢？大家说，按照曹君说的，有22人了。然而并不是，鲍君站起来说，这家仅有七人。这家有老夫妇两人，及1个儿子，1个媳妇，1个幼女，1个孙女，1个孙子共7人。但孙子比孙女小。薛君接着说，昨天在一个宴会上，席桌上有赵李两人，赵对李说，我们俩在姓氏上有亲戚关系，关系太复杂，我自己还不知道你和我们家到底是什么关系。李说，这是非常容易的事情，你是我父亲妻子的弟弟，又是我弟弟的岳父，又是我岳父的弟弟。赵君知道李君说的了，而听的人都感到诧异。大家能否系统地作出一个表格来表明两人的关系吗？谢君提笔作赵李两姓关系的表，如图所示。并说，日前在某个车站，看见甲乙两妇人谈话，甲妇人指着一个男子对乙妇人说，这是你的什么人？乙妇人说，这人的母亲是我母亲的姑妈，我父亲让我来接的就是这个人。我听了之后几乎被迷惑。

你能知道这个人是乙妇人的什么亲戚吗？

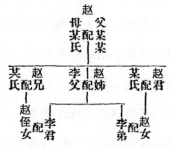

汤君说，这人是乙妇人的伯伯或叔叔。到了刘君，刘说，现在甲局想树电报杆到乙局，其中须经过一座山，但正当甲局立电报杆时，有铁路工程局沿着山麓依照同样的方向，新修一条铁路。于是甲局改变了原来的计划，依照这条铁路线树电报杆到乙局，而杆与杆的距离是100码，但原来山路的长是8 800码，现在从这条山麓到另一山麓仅有7 900码，问甲局改变计划之后，沿着铁路线树杆，可省杆子多少？大家说，这倒是容易解答的算题。我们可以先找出8 800码中含有多少100码，再找出7 900码中含有多少100码，然后从前面的结果减去后面的结果，其差就是这段路程所省下的杆数。但刘君不断摇着头，说，你们所看到的是很容易，我觉得特别难。

你们现在所得的结果，已经走到错误的途径了。你们看看我所作的图。黄君仔细看他的图，说假若杆与杆的距离是100码，其经过山所需的杆数，真正与沿着路线所须的杆数相等，是还是不是？刘君说，你说的没有错。大家问是什么原因，黄君说，所说的杆与杆的距离，不是从这边的山麓到那边的山麓度量的距离可比。现在若从这边山麓引出一条线，经过山顶，到那边的山麓，当然较直接地从这边山麓到那边山麓远，但直线距离是100码，则

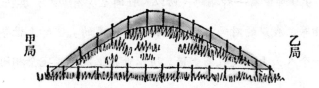

甲局　　　　　　　　　　　　　　　　　　乙局

其结果过山顶树杆所需的杆数，与沿着铁路线直杆所需的杆数必相等，当然一杆不省。譬如我立在椅子上，对于你的距离，比在地毯上的距离，绝没有变化，说完，大家都大笑起来。黄君接着说，我也有一趣题，假如地球是真正的球体，而地球表面又非常光滑，我们用一条带子紧绕地球的赤道，到这带子的两端接触时，已经是绕赤道一周。现在若将此带子的长增加六码，则此带子就不能与地球挨着。设：此时的带子仍成一个完全的圆，与地球赤道大圆是同心的圆，请问这时带子的各部分距离地球的表面的距离是多少？大家说，此距离将是1寸的零数的零数。唯独周君说，不然带子的各部分距离地球表面将近一码。大家诧异地说，将近一码？以地球赤道那么大一圈，此带子不过增加六码，此带子圆周各部分对于地球表面就相距一码？这真是让我们想不到的事情了。周君说，我现在做一个极其简单的说明，你们都学习过算术，应当知道直径是1而周长是3的定理。依据这个定理，则周长增加六码，直径必增加两码，半径必增加一码，就是此时带子圈的半径比地球赤道大圆的半径长1码，就是带子的各部分距离地球表面是1码，这不是非常简单的道理吗？大家都佩服他的设想的奇妙，大家都笑了，笑声未了，周君继续说，我说世界上的人数，必然多于一个人头上的发数，你们是不是都认为这样？大家都说，当然。周说，既然你们都这样认为，我还要进一步说明，我以为人世间至少有两人，其头上的发数完全相等，你们也这样认为吗？大家都不说话了。薛君说，我知道了，设：人世间只有100万人，则每个人头上所有的发数，依照前面所说的，不可能超过999 999根，则世间人所生长的头发不同的数，只有999 999种，于是那个第一百万个人，头上所生的发数，必与这999 999种中有一种相同，所以人世间至少有两人，其头上所生的发数必然完全相等，我说的对吗？周君说，是的，是的。实际上世界上的人数不知道超过一个人头上的发数多少倍，所以世界上发数能完全相同的也不知有多少。轮到汪君，汪君说，我听人家说，有一个遗孀的姐姐，嫁给了该遗孀的丈夫，话没有说完，大家阻止他说，你所说的我等不明白，遗孀的丈夫已经死了，怎么她的姐姐还能嫁给死人呢？汪说，我所说的不是假的，是确有其事。大家都感到非常地惊诧。曹君说，汪君说的是。譬如有一个人娶了妻子，而妻子死了，又娶了妻子的妹妹为妻，没有多长时间这人死了，则这个遗孀的姐姐，可以说她会嫁给遗孀的丈夫。到了鲍君，鲍说，有甲乙两人，同年异月生，但甲生在乙前，而人们都以为乙比甲大。必须注意的是，绝不是以身材的高低决定长幼的。其原因何在？大家想一想。刘君说，也许甲乙两人所生的年份是闰年，甲是生在所闰年的前月30日，乙是生在后月的初一日，到了第二年，该月初一是乙的生日，但差一个月，所以不知道的人都以为乙年长于甲。返回来又轮到任君，任对刘说，我问你对于英文中't-O-O'如何发音呢？刘说，'Too'，又说，对于't-w-o'如何发音呢？任说，其音也如'Too'。任说，这样你对于一星期中第二日的英语，将如何发音吗？刘说，应当是'Tuesduy'，不能是'Toosday'。任大笑说，你真的发音为'Tuesday'的音呢，我以为应当发音为'monday'的音。你不明白我说的话，我说，一星期中的第二日，不是说星期二，一星期的第一日，应该从'Sunday'算起，这样第二日不是'Monday'而是什么？刘说，你真会开玩笑。到了李君，李说，我没有笑话，说一件事来弥补我的不足。我们家的老仆人，经常向一个卖菜的买成捆的韭菜，他用皮带量其上中下各部周围的长，都是12寸，从没有丝毫的错误。因此老仆与这个人约定就这样，以免有所争执。一天，这个人的担子里没有从前成大捆的，他拿两个小捆的给老仆，老仆再用皮带量，每捆的周围的长变为六寸，卖菜的对老仆说，两小捆等于一大捆，你给我以前相同的价钱就可以了。大家想一想，那个卖菜说的是真还是假？周君说，这不是真的。两小捆仅及一大捆的量的一半，你们家的老仆，如果真的给他同样

的价钱，那是被他欺骗了，这不成了一个大笑话吗？

这时又轮回来到了我这里，我说，我请你们猜一个游戏，是用两张纸剪成圆形，制成左图。在它的上面画直线十六条，中央用钉子钉上，使内盘可以旋转，于是对大家说，大家在内盘上默认一个数，并从这个数起，递时针数（每一格为一个数）到所默认的数，数尽为止，则余下的数可知道其终点处。所指的字，例如我认定十二，就从科字开始数，按顺时针顺序数到十二是轩字，则我不等我宣布，就知道是轩字了。实验之后果然是这样，大家问是什么原因？某说，这个游戏解答简单，大家是能够料到的。大家沉思片刻，说出了它的原因，某笑得前仰后颌。游戏讲到这里已经完结，大家各买船票而归，归去的途中把这些游戏记载，用来作为数学游戏的尾声。